机床电气线路安装与维修工作页

（第2版）

主　编 ◎ 杨杰忠　潘协龙

副主编 ◎ 韦文杰　韦日祯　姚天晓

参　编 ◎ 李仁芝　赵月辉　吴　斌　蒋娉婷
吴　昭　王栋平　向　书　胡　捷
李加耀　林宝兰

主　审 ◎ 邹火军

電子工業出版社

Publishing House of Electronics Industry

北京 · BEIJING

内 容 简 介

本书以任务驱动教学法为主线，以应用为目的，以具体的任务为载体，主要内容包括立式钻床电气控制线路的安装与调试、立式钻床电气控制线路的检修、CA6140 型车床电气控制线路的安装与调试、CA6140 型车床电气控制线路的检修、M7130 型平面磨床电气控制线路的安装与调试、M7130 型平面磨床电气控制线路的检修、Z3050 型摇臂钻床电气控制线路的安装与调试、Z3050 型摇臂钻床电气控制线路的检修、X62W 型万能铣床电气控制线路的安装与调试，以及 X62W 型万能铣床电气控制线路的检修 10 个学习任务。

本书可作为技工院校、职业院校及高等院校电气运行与控制、电气自动化、机电一体化、机电技术应用等专业的教材。

图书在版编目（CIP）数据

机床电气线路安装与维修工作页 / 杨杰忠，潘协龙主编. -- 2 版. -- 北京 : 电子工业出版社，2024. 7.
ISBN 978-7-121-48405-6

Ⅰ. TG502.34

中国国家版本馆 CIP 数据核字第 2024UL9163 号

责任编辑：张　凌
印　　刷：三河市鑫金马印装有限公司
装　　订：三河市鑫金马印装有限公司
出版发行：电子工业出版社
北京市海淀区万寿路 173 信箱　　邮编　100036
开　　本：880×1 230　1/16　印张：9.75　字数：218.4 千字
版　　次：2016 年 4 月第 1 版
2024 年 7 月第 2 版
印　　次：2024 年 7 月第 1 次印刷
定　　价：30.00 元

凡所购买电子工业出版社图书有缺损问题，请向购买书店调换。若书店售缺，请与本社发行部联系，联系及邮购电话：（010）88254888，88258888。

质量投诉请发邮件至 zlts@phei.com.cn，盗版侵权举报请发邮件至 dbqq@phei.com.cn。

本书咨询联系方式：（010）88254583，zling@phei.com.cn。

前　言

工学一体化技能人才培养模式是依据国家职业技能标准及技能人才培养标准，以综合职业能力培养为目标，将工作过程和学习过程融为一体，培育德技并修、技艺精湛的技能劳动者和能工巧匠的人才培养模式。2009 年起，人力资源和社会保障部通过分批试点方式逐步推进工学一体化课程教学改革，试点专业 31 个、试点院校 191 所。

我校（广西机电技师学院）作为首批人力资源和社会保障部一体化课程教学改革试点学校，启动了以职业活动为导向，以企业合作为基础，以综合职业能力培养为核心，理论教学与技能操作融会贯通的一体化课程教学改革。这项改革试点将传统的以学历为基础的职业教育转变为以职业技能为基础的职业能力教育，促进了职业教育从知识教育向能力培养的转变，努力实现将“教、学、做”融为一体。改革试点得到了学校师生和用人单位的充分认可。一体化课程教学改革是技工院校和职业院校的一次“教学革命”，教学组织形式、教学手段和学生的综合素质、学生的学习热情都发生了根本性变化。试点的成果表明，一体化课程教学改革是转变技能人才培养模式的重要抓手，是推动技工院校和职业院校改革发展的重要举措。

教学改革的成果最终要以教材为载体进行体现和传播。根据人力资源和社会保障部、教育部推进一体化课程教学改革的要求，我校组织一体化课程专家、企业专家、企业能工巧匠兼职教师、专业骨干教师，组织实施了一体化课程教学改革试点，并将试点中形成的课程成果进行了整理、提炼，汇编成“工作页”教材。这不仅在形式上打破了传统教材的编写模式，而且在内容上突破了传统教材的结构体例。希望这套教材的出版能进一步推动技工院校和职业院校的教学改革，促进内涵发展，提升办学质量，为加快培养合格的技能人才做出更大贡献！

由于编者水平有限，书中难免存在疏漏和不妥之处，恳请读者批评指正。

编　者

目　　录

学习任务1

立式钻床电气控制线路的安装与调试

学习目标

1. 能通过阅读工作任务联系单和现场勘查，明确工作任务要求。

2. 能正确描述立式钻床的结构、作用和运动形式，认识相关低压电器的外观、结构、用途、型号、应用场合等。

3. 能正确识读电气原理图，正确绘制布置图、接线图，明确控制器件的动作过程和控制原理。

4. 能按图样、工艺要求、安全规范等正确安装元器件、完成接线。

5. 能正确使用仪表检测线路安装的正确性，按照安全操作规程完成通电试车。

6. 能正确标注有关控制功能的铭牌标签，施工后能按照管理规定清理施工现场。

建议课时：80 课时

工作场景描述

为了满足实训需要，学校要为实训楼的十个实训室配置立式钻床，机加工车间有闲置的立式钻床，但电气控制部分严重老化无法正常工作，须进行重新安装。维修电工班接受此任务，要求在规定期限内完成安装、调试，并交付有关人员验收。

工作流程与活动

1. 明确工作任务。

2. 施工前的准备。

3. 现场施工。

4. 工作总结与评价。

学习活动1 明确工作任务

学习目标

1．能通过阅读工作任务联系单，明确工作内容、工时等要求。

2．能描述立式钻床的结构、作用、运动形式及各个元器件的所在位置和作用。

建议课时：8课时

学习过程

一、阅读工作任务联系单

如表1-1所示，阅读工作任务联系单，说出本次任务的工作内容、时间要求及交接工作的相关负责人等信息，并根据实际情况补充完整。

表1-1 工作任务联系单

报修部门	校办公室	工段		报修时间	年　月　日
设备名称	立式钻床	型号		设备编号	
报修人			联系电话		
故障现象	立式钻床的电气控制部分严重老化无法正常工作				
故障排除记录					
备注	须进行重新安装				
维修时间			计划工时		
维修人			日期	年　月　日	
验收人			日期	年　月　日	

二、认识立式钻床

（1）如图 1-1 所示，钻床是主要用钻头在工件上加工孔（如钻孔、扩孔、铰孔、攻丝等）的机床，是机械制造和各种修配工厂必不可少的设备。根据钻床的工作需求，结合实地观察、教师讲解和资料查询，简要描述钻床的工作特点。

图 1-1 钻床

（2）常用的钻床有哪些类型？分别适用于哪些场合？

（3）识读设备铭牌，将钻床设备的主要参数记录下来。

（4）立式钻床的主要电气控制部分都安装在其电气控制柜内。观察实训场地立式钻床的电气控制柜，在教师的讲解、指导下，认识各个元器件的名称。通过观看教师的演示和聆听讲解，写出各个元器件的主要作用，完成表 1-2。

表 1-2 立式钻床元器件的名称及其作用

元器件名称	作　用
电动机	

续表

元器件名称	作　　用
按钮	
电源开关	
低压空气断路器	
低压熔断器	
交流接触器	
接线端子排	
热继电器	
变压器	
照明灯	

（5）实测立式钻床的电源开关、电气控制柜、按钮等的实际位置，画出各个元器件的位置草图。

（6）除了立式钻床，台式钻床也是一种较为常用的钻床设备。以小组为单位，通过查阅资料、互联网检索等方式，认识常见立式钻床、台式钻床的型号，并比较它们在应用场合和功能等方面的相同点和不同点。

学习活动 2 施工前的准备

学习目标

1．认识本任务所用低压电器，能描述它们的结构、用途、型号、应用场合。
2．能准确识读元器件符号。
3．能正确识读立式钻床的电气原理图。
4．能正确绘制立式钻床的布置图和接线图。
5．能根据任务要求和实际情况，合理制订工作计划。

建议课时：44 课时

学习过程

一、认识元器件

（1）通过对学习活动 1 的学习可以发现，立式钻床的控制电路是由许多元器件组成的。这些元器件连接在一起，就实现了立式钻床的各种控制功能。这些元器件统称为低压电器，查阅相关资料，说明低压电器是如何定义的。

（2）表 1-3 中给出的是立式钻床中的各种低压电器，查阅相关资料，对照图片写出其名称、符号及功能与用途。

表 1-3　立式钻床中的各种低压电器

实物照片	名　称	文字符号及图形符号	功能与用途

续表

实物照片	名　称	文字符号及图形符号	功能与用途

（3）常用的低压熔断器有多种类型，查阅相关资料，列举常见的类型，并说明机床电气设备应选择哪一系列的熔断器进行短路保护。

（4）认真观察按钮，简述按钮由哪几部分组成。写出启动按钮、停止按钮和复合按钮在功能上的区别，并画出其各自的图形符号。说明动合触点（又称常开触点）和动断触点（又称常闭触点）的含义及表示方法。

（5）查阅相关资料，画出接触器线圈、主触点、辅助动合触点和辅助动断触点的图形符号，并说明它们分别应接在电气控制线路的哪部分。

（6）选用接触器主要应考虑哪几个方面的因素？接入交流接触器线圈的电压过高或过低会造成什么后果？为什么？

（7）继电器与接触器有哪些相同点？有哪些区别？

（8）电机保护器是目前常用的一种保护器件，它与热继电器有什么区别？

二、识读电气原理图

（1）电气原理图是电路图的一种，它是根据生产机械运动形式对电气控制系统的要求，采用国家统一规定的电气符号，按照电气设备和电器的工作顺序排列，全面表示控制装置、电路的基本构成和连接关系而不考虑实际位置的一种图形。其作用是便于操作者详细了解电气设备的用途、控制对象的工作原理，用以指导设备电气线路的安装、调试与维修工作，并为绘制接线图提供依据。在电气原理图中，元器件不画实际的外形图，而采用国家统一规定的电气符号表示。电气符号包括图形符号和文字符号。查阅相关资料，学习电气原理图识读、绘制的基本规则，回答以下问题。

① 电气原理图一般由哪几部分组成？

② 电气原理图中，如何区分有直接联系的交叉导线连接点和无直接联系的交叉导线连接点？

③ 在电气原理图中，可将图幅分成若干个图区，其上方方框内的文字和下方方框内的数字分别表示什么含义？

（2）图 1-2 所示为最简单的三相异步电动机点动正转控制线路的电气原理图，结合所学的电路图识读和绘制知识，分析其工作原理，回答以下问题。

① 在图 1-2 中分别标出主电路、控制电路，并说明它们是如何布局的。

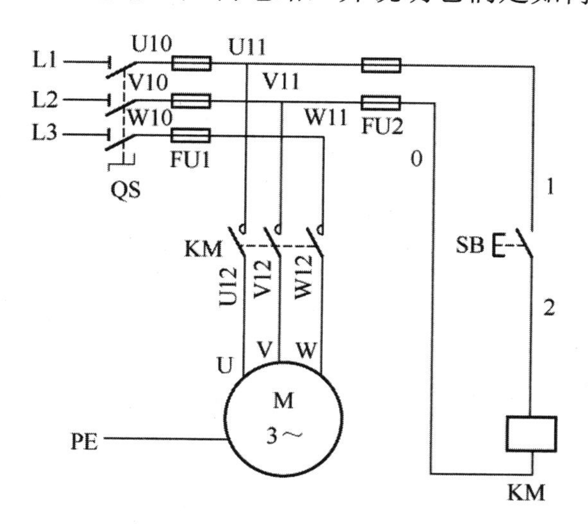

图 1-2　三相异步电动机点动正转控制线路

② 图 1-2 中有两处均标有 KM，分别表示什么？它们之间有什么关系？

③ 分析电路工作原理，简要描述它的控制功能。

④ 低压熔断器 FU1、FU2 起什么作用？保护范围有何区别？

（3）图 1-3 所示为三相异步电动机单方向连续运行控制线路的电气原理图，电动机单方向连续运行是电气线路中最基本的控制方式之一，该线路较图 1-2 所示控制线路更复杂一些，识读电路图，回答以下问题。

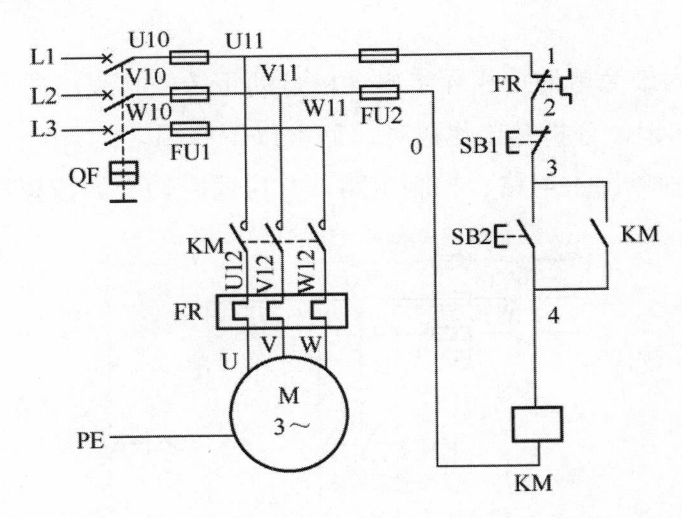

图 1-3　三相异步电动机单方向连续运行控制线路

① 识读图 1-3 中各元器件的符号，将文字符号和图形符号抄录在下方，并写出对应的元器件名称。

② 与启动按钮 SB2 并联的交流接触器 KM 起什么作用？简要描述线路的工作过程。

③ FR 在线路中起什么作用？如何实现？

（4）图 1-4 所示为立式钻床电气控制线路原理图，识读电路图，回答以下问题。

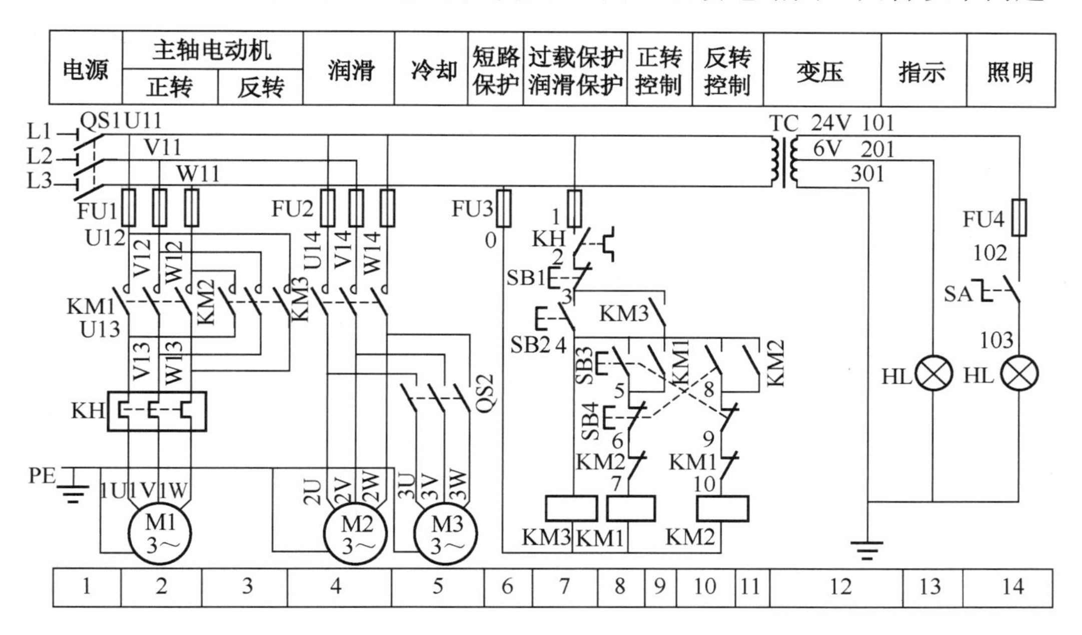

图 1-4　立式钻床电气控制线路原理图

① 对照原理图中的图形符号和文字符号写出各个元器件的名称。

② 立式钻床主轴电动机的旋转方向是如何改变的？简要描述其工作过程。

③ 正转交流接触器 KM1 线圈上方的反转交流接触器 KM2 动断触点和反转交流接触器 KM2 线圈上方的正转交流接触器 KM1 动断触点分别起什么作用？如果没有它们，可能会造成什么后果？

④ 如图 1-4 所示正转启动按钮 SB3 和反转启动按钮 SB4 这两个按钮图形符号上的虚线表示什么含义?这样设计有哪些优点?

三、绘制布置图和接线图

1. 绘制布置图

布置图（又称电气元件位置图）主要用来表明电气系统中所有电气元件的实际位置，为生产机械电气控制设备的制造、安装提供必要的资料。一般情况下，布置图与接线图组合在一起使用，以便清晰地表示出所使用电气元件的实际安装位置。图 1-5 所示是学习活动 1 中的立式钻床电气控制柜布置图。

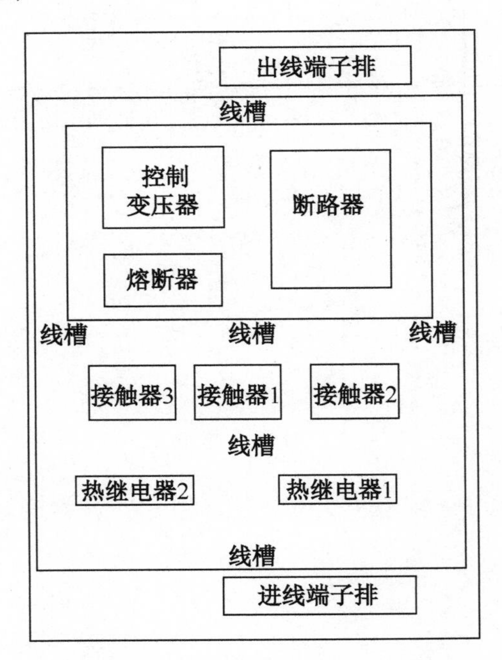

图 1-5　立式钻床电气控制柜布置图

查阅相关资料，学习布置图的绘制规则，根据实训场地立式钻床的实际情况，画出布置图。

2．绘制接线图

接线图用规定的图形符号按各电气元件的相对位置进行绘制，表示各电气元件的相对位置和它们之间的电路连接状况。在绘制时，不但要画出控制柜内部各电气元件之间的连接方式，还要画出外部相关电气元件的连接方式。接线图中的回路标号是电气设备之间、电气元件之间、导线与导线之间的连接标记，其文字符号和数字标号应与原理图中的一致。

查阅相关资料，学习接线图的绘制规则，画出控制线路的接线图。

四、制订工作计划

查阅相关资料，了解任务实施的基本步骤，结合实际情况，制订小组工作计划。注意根据任务要求，应先拆除旧线路，再连接新线路。

“立式钻床电气控制线路的安装与调试”工作计划

一、人员分工

1．小组负责人：____________

2．小组成员及分工

姓　　名	分　　工

续表

二、工具及材料清单

序　号	工具或材料名称	单　位	数　量	备　注

三、工序及工期安排

序　号	工作内容	完成时间	备　注

四、安全防护措施

五、评价

以小组为单位，展示本组制订的工作计划。然后在教师点评的基础上对工作计划进行修改完善，并根据表 1-4 所示进行评分。

表 1-4　评价表

评价内容	分值	自我评价	小组评价	教师评价
正确回答问题，并按时完成工作页的填写	20			
正确绘制布置图	5			
正确绘制接线图	10			
人员分工合理	5			
工具和材料清单正确、完整	15			

续表

评价内容	分值	自我评价	小组评价	教师评价
工序安排合理、完整	10			
安全防护措施合理、完整	10			
工作计划展示得体大方、语言流畅	15			
团结协作	10			
合　计				

学习活动 3 现场施工

学习目标

1．能正确安装立式钻床电气控制线路。

2．能正确使用万用表进行线路检测，完成通电试车，交付验收。

3．能正确标注有关控制功能的铭牌标签，施工后能按照管理规定清理施工现场。

建议课时：24 课时

学习过程

本活动的基本施工步骤：拆除旧线路→定位元器件→安装元器件→接线→自检→通电试车（调试）→交付验收。

一、拆除旧线路

在教师指导下，完成对旧线路的拆除。简要说明拆除过程中应注意哪些问题。

二、元器件的定位和安装

（1）列举一下，施工中将要安装哪些元器件？

（2）查阅相关资料，了解这些元器件安装的工艺要求，按要求进行施工操作。将操作中遇到的问题记录下来。

三、根据接线图和布线工艺要求完成布线

板前明线布线时，应符合平直、整齐、紧贴敷设面、走线合理及接点不得松动等要求。图 1-6 所示是立式钻床电气控制线路板前明线布线的实例。

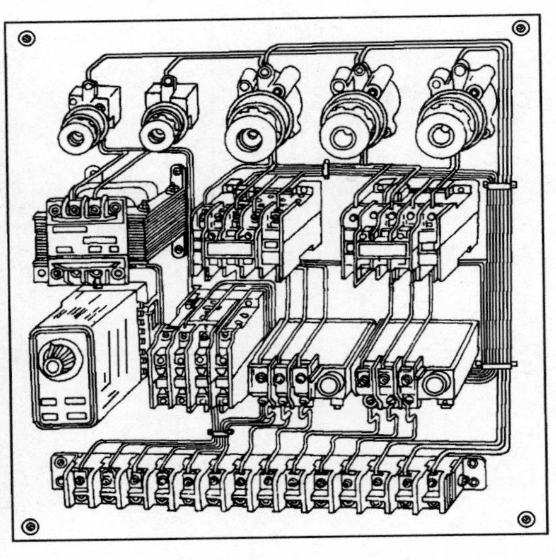

图 1-6　立式钻床电气控制线路板前明线布线

板前明线布线原则如下。

（1）布线通道要尽可能少，同路并行导线按主、控电路分类集中，单层密排，紧贴安装面布线。

（2）同平面的导线应高低一致或前后一致，不能交叉。非交叉不可时，该根导线应在从接线端子引出时就水平架空跨越，且必须合理走线。

（3）布线应横平竖直、分布均匀。变换走向时应垂直转向。

（4）布线时严禁损伤线芯和导线绝缘层。

（5）布线顺序一般以接触器为中心，按照由里向外、由低至高，先控制电路、后主电路的顺序进行，以不妨碍后续布线为原则。

（6）在剥去绝缘层的每根导线的两端套上编码套管。所有从一个接线端子到另一个接线端子的导线必须连续，中间无接头。

（7）导线与接线端子连接时，不得压绝缘层、不得反卷、不得露铜过长。同一元件、同一回路不同接点的导线间距离应保持一致。

（8）一个电气元件接线端子上的连接导线不得多于两根，每节接线端子板上的连接导线一般只允许连接一根。

按照以上原则进行布线施工，回答以下问题。

（1）根据图 1-6 或电气元件位置图，电源进线是与哪个接线端子（或接线端子排）连接的？

（2）导线与接线端子（或接线端子排）是如何连接的？你采用的是哪种方式？

（3）该工作任务完成后，应粘贴哪些标签？

四、自检

（1）安装完毕后进行自检。首先直观检查接线是否正确、规范。按电路图或接线图，从电源端开始逐段核对接线及接线端子处的线号是否正确、有无漏接或错接之处。其次检查导线接点是否符合要求、压接是否牢固。同时注意接点接触应良好，以避免带负载运转时产生闪弧现象，将存在的问题记录下来。

（2）用万用表检查线路的通断情况。检查时，应选用倍率适当的电阻挡，并进行校零，以防发生短路故障。在断开主电路的条件下对控制电路检查时，可将表笔分别搭在控制电源线的两个端子上，读数应为“∞”。按下启动按钮时，读数应为接触器线圈的直流电阻值。然后断开控制电路，再检查主电路有无开路或短路现象，此时，可用手压下接触器来模拟接触器通电吸合进行检查。自行设计表格，将检查结果记录下来，并判断线路是否连接正常。

（3）用兆欧表检查线路的绝缘电阻，其阻值应不小于 1 MΩ。将测量结果记录下来。

五、通电试车

断电检查无误后，经教师同意，通电试车，观察电动机的运行状态，测量相关技术参数，若存在故障，及时处理。电动机运行正常无误后，标注有关控制功能的铭牌标签，清理施工现场，交付验收人员检查。

（1）查阅相关资料，写出通电试车的一般步骤。

（2）通电试车的安全要求有哪些？检查现场满足安全要求后，按规定通电试车。

（3）通电试车过程中，若出现异常现象，应立即停车检修。表 1-5 所示为故障检修情况记录表，按照检修步骤提示，在教师指导下进行检修操作，并记录操作过程和测试结果。

表 1-5 故障检修情况记录表

检修步骤	过程记录
1．观察记录故障现象	
2．分析故障原因，确定故障范围（通电操作，注意观察故障现象，根据故障现象分析故障原因）	
3．依据电路的工作原理和观察到的故障现象，在电路图上进行分析，确定电路的最小故障范围	
4．在故障检查范围中，采用逻辑分析及正确的测量方法，迅速查找故障并排除	
5．通电试车	

检修中应注意以下事项。

① 检修前要先掌握电路图中各个控制环节的作用和原理，并熟悉电动机的接线方法。

② 在检修过程中严禁扩大和产生新的故障，否则，要立即停止检修。

③ 带电检修故障时，必须有专人在现场监护，并要确保用电安全。

（4）如出现主轴电动机不能启动的故障，应该如何处理？

（5）试车过程中自己或其他同学还遇到了哪些问题？相互交流，做好记录，并分析原因，记录处理方法，填入表 1-6 中。

表 1-6　故障分析及检修记录表

故障现象	故障原因	处理方法

六、项目验收

（1）在验收阶段，各小组派出代表进行交叉验收，并填写详细的验收记录，如表 1-7 所示。

表 1-7　验收过程问题记录表

验收问题	整改措施	完成时间	备　注

续表

验收问题	整改措施	完成时间	备　注

（2）以小组为单位认真填写任务验收报告，如表 1-8 所示，并将学习活动 1 中的工作任务联系单（表 1-1）填写完整。

表 1-8　立式钻床电气控制线路的安装与调试任务验收报告

<table>
<tr><td>工程项目名称</td><td colspan="4"></td></tr>
<tr><td>建设单位</td><td colspan="2"></td><td>联系人</td><td></td></tr>
<tr><td>地址</td><td colspan="2"></td><td>电话</td><td></td></tr>
<tr><td>施工单位</td><td colspan="2"></td><td>联系人</td><td></td></tr>
<tr><td>地址</td><td colspan="2"></td><td>电话</td><td></td></tr>
<tr><td>项目负责人</td><td colspan="2"></td><td>施工周期</td><td></td></tr>
<tr><td>工程概况</td><td colspan="4"></td></tr>
<tr><td>现存问题</td><td colspan="2"></td><td>完成时间</td><td></td></tr>
<tr><td>改进措施</td><td colspan="4"></td></tr>
<tr><td rowspan="2">验收结果</td><td>主观评价</td><td>客观测试</td><td>施工质量</td><td>材料移交</td></tr>
<tr><td></td><td></td><td></td><td></td></tr>
</table>

七、评价

以小组为单位，展示本组安装与调试成果。根据表 1-9 所示进行评分。

表 1-9　任务评价表

<table>
<tr><td colspan="2">评价内容</td><td>分值</td><td>自我评价</td><td>小组评价</td><td>教师评价</td></tr>
<tr><td rowspan="3">元器件的定位及安装</td><td>元器件无损伤</td><td rowspan="3">20</td><td rowspan="3"></td><td rowspan="3"></td><td rowspan="3"></td></tr>
<tr><td>元器件安装平整、对称</td></tr>
<tr><td>按图装配，元器件位置、极性正确</td></tr>
<tr><td rowspan="6">接线</td><td>按电路图正确接线</td><td rowspan="6">40</td><td rowspan="6"></td><td rowspan="6"></td><td rowspan="6"></td></tr>
<tr><td>布线方法、步骤正确，符合工艺要求</td></tr>
<tr><td>布线横平竖直、整洁有序，接线紧固美观</td></tr>
<tr><td>电源、电动机和按钮正确连接到接线端子排上，并准确注明引出端子号</td></tr>
<tr><td>接点牢固、接头露铜长度适中，无反卷、压绝缘层、标记号不清楚、标记号遗漏或误标等问题</td></tr>
<tr><td>施工中导线绝缘层或线芯无损伤</td></tr>
</table>

续表

评价内容		分值	自我评价	小组评价	教师评价
通电调试	热继电器整定值设定正确	30			
	设备正常运转无故障				
	出现故障正确排除				
安全文明生产	遵守安全文明生产规程	10			
	施工完成后认真清理现场				
施工计划用时______；实际用时______；超时扣分______					
合　计					

学习活动 4　工作总结与评价

学习目标

1．能以小组形式，对学习过程和实训成果进行汇报总结。

2．完成对学习过程的综合评价。

建议课时：4 课时

学习过程

一、工作总结

请你围绕自己在本次学习任务中的出勤情况，与组员协作开展工作的情况，在立式钻床电气控制线路的安装与调试过程中学到的内容，遇到的问题，以及如何解决问题，今后如何避免类似问题的发生等，写一份总结。

二、综合评价（见表 1-10）

表 1-10 综合评价表

评价项目	评价内容	评价标准	自我评价	小组评价	教师评价
职业素养	安全意识、责任意识	1．作风严谨，自觉遵章守纪，出色地完成工作任务（得 10 分） 2．能够遵守规章制度，较好地完成工作任务（得 7 分） 3．遵守规章制度、没完成工作任务，或虽完成工作任务但未严格遵守或忽视规章制度（得 4 分） 4．不遵守规章制度，没完成工作任务（得 2 分）			
	学习态度	1．积极参与教学活动，全勤（得 5 分） 2．缺勤达本任务总课时的 10%（得 4 分） 3．缺勤达本任务总课时的 20%（得 3 分） 4．缺勤达本任务总课时的 30%（得 2 分）			
	团队合作意识	1．与同学协作融洽，团队合作意识强（得 10 分） 2．能与同学沟通，协同工作能力较强（得 8 分） 3．能与同学沟通，协同工作能力一般（得 6 分） 4．与同学沟通困难，协同工作能力较差（得 4 分）			
	6S 管理	1．整个工作任务中，能自觉遵守 6S 管理（得 10 分） 2．整个工作任务中，经教师提醒一次能遵守 6S 管理（得 8 分） 3．整个工作任务中，经教师多次提醒能遵守 6S 管理（得 4 分） 4．整个工作任务中，不能遵守 6S 管理（得 2 分）			
专业能力	学习活动 1 明确工作任务	1．按时完成工作页，问题回答正确（得 5 分） 2．按时、完整地完成工作页，问题回答基本正确（得 4 分） 3．未能按时完成工作页，或内容遗漏、错误较多（得 2 分） 4．未完成工作页（得 1 分）			
	学习活动 2 施工前的准备	学习活动 2 的得分×20%=该项实际得分			
	学习活动 3 现场施工	学习活动 3 的得分×30%=该项实际得分			
	学习活动 4 工作总结与评价	1．总结书写正确、完善，上台汇报语言通顺流畅（得 10 分） 2．总结书写正确，能上台汇报（得 8 分） 3．总结书写正确，未上台汇报（得 5 分） 4．未写总结（得 0 分）			
创新能力		学习过程中提出具有创新性、可行性的建议	加分奖励：		
学生姓名			学习任务名称		
指导教师			日 期		

学习任务 2

立式钻床电气控制线路的检修

学习目标

1. 能通过阅读设备维修任务单和现场勘查，记录故障现象，明确维修工作内容。

2. 能掌握常用机床维修的检修过程、检修原则、检修思路、常用检修方法，并熟练应用于实际故障检修。

3. 能根据故障现象和立式钻床电气原理图，分析故障范围，查找故障点，合理制订维修工作计划。

4. 能够熟练运用常用的故障排除方法排除故障。

5. 能正确填写维修记录。

建议课时：40 课时

工作场景描述

学校实习工厂有一台立式钻床出现故障，影响了生产，急需维修。工厂负责人把这项任务交给维修电工班进行紧急检修，要求 1 天内修复，避免影响正常的生产。

工作流程与活动

1. 明确工作任务。
2. 施工前的准备。
3. 现场施工。
4. 工作总结与评价。

学习活动 1　明确工作任务

学习目标

1．能阅读设备维修任务单，明确工时、工作任务等要求。

2．能通过现场勘查及与机床操作人员沟通，明确故障现象并做好记录。

建议课时：4 课时

学习过程

一、阅读设备维修任务单

请认真阅读工作场景描述，查阅相关资料，依据故障现象描述或现场观察，填写设备维修任务单，如表 2-1 所示。

表 2-1　设备维修任务单

<table>
<tr><th colspan="6">报修记录</th></tr>
<tr><td>报修部门</td><td>生产部</td><td>报修人</td><td></td><td>报修时间</td><td>年　月　日</td></tr>
<tr><td>报修级别</td><td colspan="2">特急□　急□　一般□</td><td>希望完工时间</td><td colspan="2">年　月　日</td></tr>
<tr><td>故障设备</td><td>钻床</td><td>设备编号</td><td></td><td>故障时间</td><td>年　月　日</td></tr>
<tr><td>故障状况</td><td colspan="5">钻床主轴无法正转</td></tr>
<tr><th colspan="6">维修记录</th></tr>
<tr><td>接单人及时间</td><td colspan="2"></td><td>预定完工时间</td><td colspan="2"></td></tr>
<tr><td>派工</td><td colspan="5"></td></tr>
<tr><td>故障原因</td><td colspan="5"></td></tr>
<tr><td>维修类别</td><td colspan="5">小修□　中修□　大修□</td></tr>
<tr><td>维修情况</td><td colspan="5"></td></tr>
<tr><td>维修起止时间</td><td colspan="2"></td><td>工时总计</td><td colspan="2"></td></tr>
<tr><td>耗材名称</td><td>规格</td><td>数量</td><td>耗材名称</td><td>规格</td><td>数量</td></tr>
<tr><td></td><td></td><td></td><td></td><td></td><td></td></tr>
<tr><td></td><td></td><td></td><td></td><td></td><td></td></tr>
<tr><td>维修人员建议</td><td colspan="5"></td></tr>
<tr><th colspan="6">验收记录</th></tr>
<tr><td rowspan="2">验收部门</td><td>维修开始时间</td><td></td><td>完工时间</td><td colspan="2"></td></tr>
<tr><td>维修结果</td><td colspan="4">验收人：　日期：</td></tr>
<tr><td colspan="2">设备部门</td><td colspan="4">验收人：　日期：</td></tr>
</table>

（1）设备维修任务单中的“报修记录”部分应该由谁填写？描述其主要内容。

（2）设备维修任务单中的“故障状况”部分的作用是什么？

（3）设备维修任务单中的“维修记录”部分应该由谁填写？描述其主要内容。

（4）设备维修任务单中的“验收记录”部分应该由谁填写？描述其主要内容。

二、调查故障及勘查施工现场

调查清楚故障现象、产生故障前后设备的运行状态，以及环境变化等因素，这是分析、判断故障的重要依据，也是做好故障排除工作的必要准备。查阅资料，回答下列问题。

（1）调查故障现象的主要方法有哪些？

（2）需要与操作人员和现场工作人员沟通的问题有哪些？

（3）在与操作人员和现场工作人员沟通后，还应该进行哪些初步检查？

（4）通电试车也是进行故障现象调查的重要手段之一，进行该项工作应该满足的前提条件和注意事项是什么？

（5）检修设备时，为了防止操作人员不明情况而启动或操作机床，应在钻床上悬挂“设备正在检修，禁止操作”等类似内容的警示牌。

在设备检修过程中，为保证安全，防止无关人员进入检修区域，以及提醒检修人员与周围其他运行设备保持足够的距离，一般会将需要检修的设备与其他设备隔离，保留足够的间距，保证检修工作顺利完成。

在勘查现场情况时，要特别关注这些细节，为后续施工做好准备。

记录现场情况，为施工做好准备。

学习活动2　施工前的准备

学习目标

1．能掌握基本检修过程、检修原则、检修思路、常用检修方法，并在实践中加以应用。

2．能根据技术资料，分析故障原因。

3．能制订设备维修工作计划。

建议课时：14 课时

学习过程

一、学习故障检修的基本方法

（1）故障检修的一般步骤如图 2-1 所示，补全空缺的两个步骤。

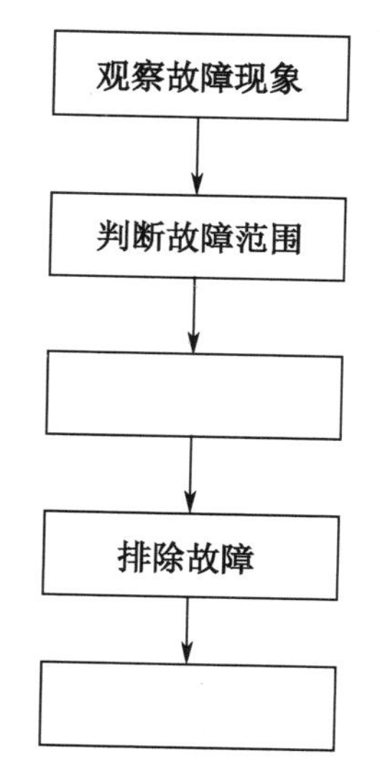

图 2-1　故障检修的一般步骤

（2）查阅资料，写出判断故障范围的依据。

二、学习查找故障点的方法

查找故障点的方法有很多种，使用万用表查找故障点的电压法和电阻法是较为常用的两种方法。查阅相关资料，并通过以下两个简单控制线路的故障排除分析，掌握这两种检修方法。

（1）电压法：将万用表的转换开关置于交流电压 500V 的挡位上，然后按图 2-2 所示的方法进行测量。分析测量结果，补全表 2-2。

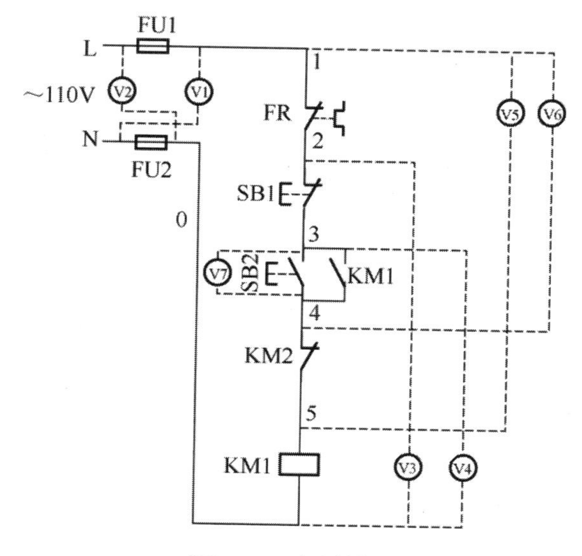

图 2-2　电压法

表 2-2　电压法的测量结果

故障现象	测试状态	0-2	0-3	0-4	故障点
按下启动按钮 SB1 时，交流接触器 KM1 不吸合	按住启动按钮 SB1 不放		0		热继电器 FR 动合触点接触不良
		380V	0	0	
		380V		0	启动按钮 SB1 接触不良
		380V	380V	380V	

（2）电阻法：将万用表的转换开关置于倍率适当的电阻挡上，然后按图 2-3 所示方法逐段测量相邻点 1-2、2-3、3-4（测量时由 1 人按下启动按钮 SB2）、4-5、5-0 之间的电阻。分析测量结果，补全表 2-3。

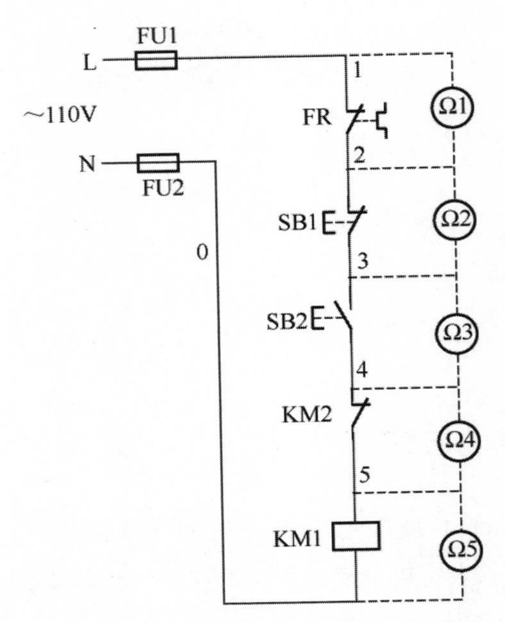

图 2-3　电阻法

表 2-3　电阻法的测量结果

故障现象	测试点	电阻值	故障点
按下启动按钮 SB2 时，交流接触器 KM1 不吸合	1-2	∞	
	2-3	∞	
	3-4	∞	
	4-5	∞	
	5-0	∞	

（3）电压法和电阻法在应用场合、操作方法、应用注意事项等方面有什么区别？

（4）电阻法是断电测量，而电压法是带电测量，因此采用电压法时更应注意用电的安全。查阅相关资料，简要说明运用电压法查找故障点时，有哪些安全要求。

（5）除了以上两种方法，常用的查找故障点的方法还有哪些？查阅相关资料，简要说明。

三、初步分析故障原因

针对学习活动 1 了解到的故障现象，查阅相关资料，学习故障检修的分析案例，掌握故障分析的过程和方法，结合案例填写表 2-4，分析本学习任务可能的故障原因，以及应进一步检查的部位，为制订检修计划和排除故障施工做好准备。故障原因的分析举例如表 2-5 所示。

表 2-4 故障原因的分析

故障现象	故障原因	处理方法

表 2-5 故障原因的分析举例

故障现象	故障原因	处理方法
按下启动按钮 SB3，主轴电动机 Ml 不启动，交流接触器 KM1 不吸合	交流接触器 KM1 线圈回路故障	检查交流接触器 KM1 线圈回路各段，确定故障

四、制订工作计划

通过前面的工作我们已经得知，在检修故障时应该遵循“观察和调查故障现象→分析故障原因→确定故障的具体部位→排除故障→检验试车”的操作步骤。依此，制订故障检修工作计划。

“立式钻床电气控制线路的检修”工作计划

一、人员分工

1. 小组负责人：____________________

2. 小组成员及分工

姓　名	分　工

二、工具及材料清单

序　号	工具或材料名称	单　位	数　量	备　注

三、工序及工期安排

序　号	工作内容	完成时间	备　注

四、安全防护措施

五、评价

以小组为单位，展示本组制订的工作计划。然后在教师点评的基础上对工作计划进行修改完善，并根据表 2-6 所示进行评分。

表 2-6 评价表

评价内容	分值	自我评价	小组评价	教师评价
正确回答问题，并按时完成工作页的填写	20			
正确分析故障，并标注最小故障范围	10			
检查方法及检查步骤合理、完整	20			
人员分工合理	5			
工具和材料清单正确、完整	10			
工序安排合理、完整	10			
安全防护措施合理、完整	5			
工作计划展示得体大方、语言流畅	15			
团结协作	5			
合 计				

学习活动 3 现场施工

学习目标

1．能采用适当的方法查找故障点并排除故障。

2．能正确使用万用表进行线路检测，完成通电试车，交付验收。

3．能正确填写维修记录。

建议课时：18 课时

学习过程

一、排除线路故障

（1）根据学习活动 2 中的初步判断，采用适当的检查方法，找出故障点并排除。在排除故障的过程中，严格执行安全操作规范，文明作业、安全作业，将检修过程记录在表 2-7 中。

表 2-7　检修过程记录表

步骤	测试内容	测试结果	结论和下一步措施

对于“按下启动按钮 SB3，主轴电动机 M1 不启动，交流接触器 KM1 不吸合”的故障现象，检修过程记录举例如表 2-8 所示。

表 2-8　检修过程记录举例

步骤	测试内容	测试结果	结论和下一步措施
1	按下反转启动按钮 SB4，检查交流接触器 KM2 是否吸合	交流接触器 KM2 正常吸合	交流接触器 KM1 和 KM2 的公共控制电路部分（0-1-2-3-4）正常，故障可能在 KM1 的线圈电路部分
2	用电阻法检查交流接触器 KM1 的线圈电路部分（4-5-6-7-0）	各段电阻值如下： 4-5：0 5-6：∞ 6-7：0 7-0：750Ω	反转启动按钮 SB4 的动断触点接触不良或接线脱离，应更换 SB4 或将脱落的导线接好

（2）故障排除后，应当做哪些工作？

二、自检、互检和试车

故障检修完毕后，进行自检、互检，经教师同意，通电试车。

（1）查阅资料，思考并简述检修任务完成后的自检、试车与安装任务有哪些异同。

（2）记录自检和互检的情况，如表 2-9 所示。

表 2-9 自检和互检情况记录表

故障范围是否正确		检查方法是否正确		是否修复故障	
自检	互检	自检	互检	自检	互检

三、项目验收

（1）在验收阶段，各小组派出代表进行交叉验收，并填写详细的验收记录，如表 2-10 所示。

表 2-10 验收过程问题记录表

验收问题	整改措施	完成时间	备 注

（2）以小组为单位认真填写任务验收报告，如表 2-11 所示，并将学习活动 1 中的设备维修任务单（见表 2-1）填写完整。

表 2-11 立式钻床电气控制线路的检修任务验收报告

工程项目名称				
建设单位			联系人	
地址			电话	
施工单位			联系人	
地址			电话	
项目负责人			施工周期	
工程概况				
现存问题			完成时间	
改进措施				
验收结果	主观评价	客观测试	施工质量	材料移交

四、其他故障分析与练习

（1）除了本任务工作场景中涉及的故障现象，在实际应用中，机床还可能出现其他故障情况。以下是立式钻床几种典型的故障现象，查询相关资料，判断故障范围、分析故障原因、简述处理方法，填写表 2-12。并在教师指导下，进行实际的排除故障训练。

表 2-12　故障分析及检修记录表

故障现象	故障范围	故障原因	处理方法
电源指示灯不亮			
照明灯不亮			
钻床所有接触器不吸合，电动机都不启动			
按下启动按钮 SB2，交流接触器 KM3 吸合，润滑电动机 M2 不启动			
按下启动按钮 SB2，交流接触器 KM3 不吸合，润滑电动机 M2 不启动			
按下正转启动按钮 SB3，交流接触器 KM1 吸合，主轴电动机 M1 不启动			
按下正转启动按钮 SB3，交流接触器 KM1 不吸合，主轴电动机 M1 不启动			
按下反转启动按钮 SB4，交流接触器 KM2 吸合，主轴电动机 M1 不启动			
按下反转启动按钮 SB4，交流接触器 KM2 不吸合，主轴电动机 M1 不启动			
冷却泵不能启动			

（2）故障排除练习完毕，进行自检和互检，根据测试内容填写表 2-13。

表 2-13　自检和互检情况记录表

序号	故障现象	故障范围是否正确		检修方法是否正确		是否修复故障	
		自检	互检	自检	互检	自检	互检
1							
2							
3							
4							
5							

五、评价

以小组为单位，展示本组检修成果。根据表 2-14 所示进行评分。

表 2-14　任务评价表

评价内容		分值	自我评价	小组评价	教师评价
故障分析	故障分析思路清晰	20			
	准确标出最小故障范围				
故障排除	用正确的方法排除故障点	30			
	检修中不扩大故障范围或产生新的故障，一旦发生，能及时自行修复				
	工具、设备无损伤				
通电调试	设备正常运转无故障	10			
	能及时独立发现未排除的故障，并解决问题				
工作页填写	完整、正确地填写工作页	20			
项目验收	能根据要求进行项目验收，并正确填写验收报告	10			
安全文明生产	遵守安全文明生产规程	10			
	施工完成后认真清理现场				
施工计划用时________；实际用时________；超时扣分________					
合　计					

学习活动 4　工作总结与评价

学习目标

1. 能以小组形式，对学习过程和实训成果进行汇报总结。
2. 完成对学习过程的综合评价。

建议课时：4 课时

学习过程

一、工作总结

请你围绕自己在本次学习任务中的出勤情况，与组员协作开展工作的情况，在立式钻床电气线路的检修过程中学到的内容，遇到的问题，以及如何解决问题，今后如何避免类似问题的发生等，写一份总结。

二、综合评价（见表 2-15）

表 2-15　综合评价表

评价项目	评价内容	评价标准	自我评价	小组评价	教师评价
职业素养	安全意识、责任意识	1．作风严谨，自觉遵章守纪，出色地完成工作任务（得 10 分） 2．能够遵守规章制度，较好地完成工作任务（得 7 分） 3．遵守规章制度，没完成工作任务，或虽完成工作任务但未严格遵守或忽视规章制度（得 4 分） 4．不遵守规章制度，没完成工作任务（得 2 分）			
	学习态度	1．积极参与教学活动，全勤（得 5 分） 2．缺勤达本任务总课时的 10%（得 4 分） 3．缺勤达本任务总课时的 20%（得 3 分） 4．缺勤达本任务总课时的 30%（得 2 分）			
	团队合作意识	1．与同学协作融洽，团队合作意识强（得 10 分） 2．能与同学沟通，协同工作能力较强（得 8 分） 3．能与同学沟通，协同工作能力一般（得 6 分） 4．与同学沟通困难，协同工作能力较差（得 4 分）			
	6S 管理	1．整个工作任务中，能自觉遵守 6S 管理（得 10 分） 2．整个工作任务中，经教师提醒一次能遵守 6S 管理（得 8 分） 3．整个工作任务中，经教师多次提醒能遵守 6S 管理（得 4 分） 4．整个工作任务中，不能遵守 6S 管理（得 2 分）			
专业能力	学习活动 1 明确工作任务	1．按时完成工作页，问题回答正确（得 5 分） 2．按时、完整地完成工作页，问题回答基本正确（得 4 分） 3．未能按时完成工作页，或内容遗漏、错误较多（得 2 分） 4．未完成工作页（得 1 分）			

续表

<table>
<tr><th>评价项目</th><th>评价内容</th><th colspan="2">评价标准</th><th>自我评价</th><th>小组评价</th><th>教师评价</th></tr>
<tr><td rowspan="3">专业能力</td><td>学习活动 2
施工前的准备</td><td colspan="2">学习活动 2 的得分值×20%=该项实际得分</td><td></td><td></td><td></td></tr>
<tr><td>学习活动 3
现场施工</td><td colspan="2">学习活动 3 的得分值×30%=该项实际得分</td><td></td><td></td><td></td></tr>
<tr><td>学习活动 4
工作总结与评价</td><td colspan="2">1．总结书写正确、完善，上台汇报语言通顺流畅（得 10 分）
2．总结书写正确，能上台汇报（得 8 分）
3．总结书写正确，未上台汇报（得 5 分）
4．未写总结（得 0 分）</td><td></td><td></td><td></td></tr>
<tr><td colspan="2">创新能力</td><td colspan="2">学习过程中提出具有创新性、可行性的建议</td><td colspan="3">加分奖励：</td></tr>
<tr><td colspan="2">学生姓名</td><td></td><td>学习任务名称</td><td colspan="3"></td></tr>
<tr><td colspan="2">指导教师</td><td></td><td>日　期</td><td colspan="3"></td></tr>
</table>

学习任务 3

CA6140 型车床电气控制线路的安装与调试

学习目标

1. 能通过阅读工作任务联系单和现场勘查，明确工作任务要求。

2. 能正确识读电气原理图，绘制布置图、接线图，明确 CA6140 型车床电气控制线路的控制过程及工作原理。

3. 能按图样、工艺要求、安全规范等正确安装元器件、完成接线。

4. 能正确使用仪表检测线路安装的正确性，按照安全操作规程完成通电试车。

5. 能正确标注有关控制功能的铭牌标签，施工后能按照管理规定清理施工现场。

建议课时：60 课时

工作场景描述

某机床厂要对 CA6140 型车床电气控制线路进行安装，要求维修电工班接到此任务后，在规定期限内完成安装、调试，并交付有关人员验收。

工作流程与活动

1. 明确工作任务。
2. 施工前的准备。
3. 现场施工。
4. 工作总结与评价。

学习活动 1 明确工作任务

学习目标

1．能通过阅读工作任务联系单，明确工作内容、工时等要求。

2．能描述 CA6140 型车床的结构、作用、运动形式及各个元器件所在位置和作用。

建议课时：8 课时

学习过程

一、阅读工作任务联系单

阅读工作任务联系单（见表 3-1），说出本次任务的工作内容、时间要求及交接工作的相关负责人等信息，并根据实际情况补充完整。

表 3-1 工作任务联系单

<table>
<tr><td>安装地点</td><td colspan="6">某机床厂（电气安装车间及总装车间）</td></tr>
<tr><td>安装项目</td><td colspan="3">CA6140 型车床电气控制线路的安装与调试</td><td>保修周期</td><td colspan="2">出厂后一年</td></tr>
<tr><td rowspan="2">安装单位
或部门</td><td rowspan="2"></td><td>责任人</td><td></td><td rowspan="2">承接时间</td><td rowspan="2" colspan="2">年　月　日</td></tr>
<tr><td>联系电话</td><td></td></tr>
<tr><td>安装人员</td><td colspan="3"></td><td>完工时间</td><td colspan="2">年　月　日</td></tr>
<tr><td>验收意见</td><td colspan="3"></td><td>验收人</td><td colspan="2"></td></tr>
<tr><td colspan="2">处室负责人签字</td><td colspan="2"></td><td colspan="2">设备科负责人签字</td><td></td></tr>
</table>

二、认识 CA6140 型车床

车床是一种应用极为广泛的金属切削机床，能够车削外圆、内圆、端面、螺纹、切断及割槽等，并且可以装上钻头或铰刀进行钻孔和铰孔等加工。

（1）CA6140 型车床是机械加工中应用较广的一种，CA6140 型车床的外形及结构如图 3-1 所示。它主要由床身、主轴箱、进给箱、溜板箱、刀架、卡盘、尾架、丝杠和光杠等部分组成。通过现场观察与询问，写出各主要部件的名称。

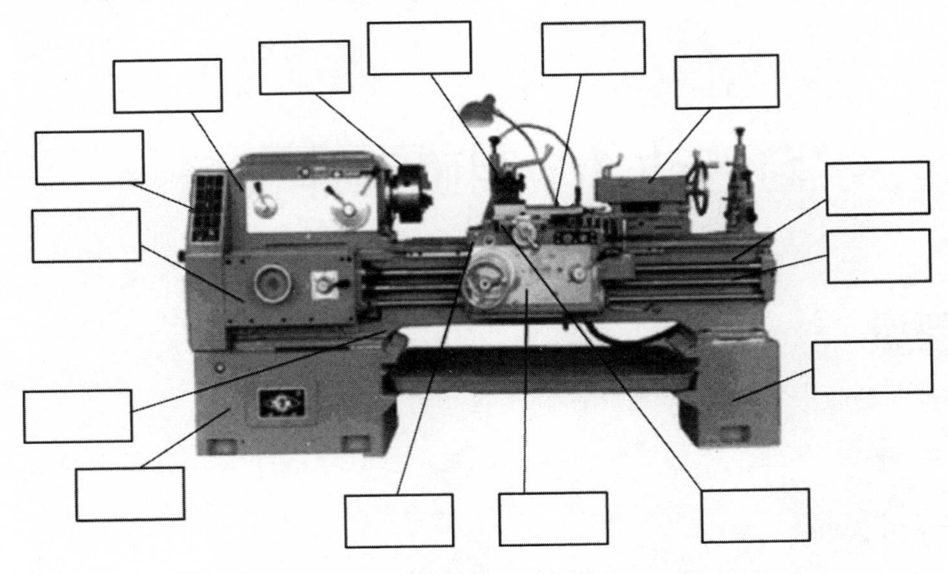

图 3-1　CA6140 型车床的外形及结构

（2）观察车床的操作按钮和手柄，在图 3-1 中标出它们的位置，写出各自的功能及特征。

（3）查阅相关资料，写出 CA6140 型车床型号的意义。

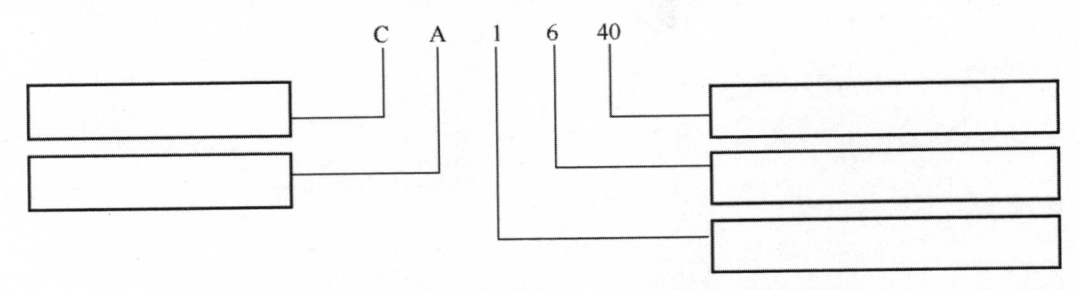

（4）在教师引导下，查看车床电气控制线路，注意观察配电盘到电动机、照明灯具、各操作按钮的引线是如何安装的。简要说明电源线是从什么位置引入的，以及配电盘采用的是哪种配线方式。

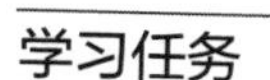

（5）电气控制柜门打开或关闭时，观看教师演示或在教师指导下操作机床，观察有什么不同？想一想，为什么？

（6）画出电气控制柜内元器件的布置图。

学习活动 2 施工前的准备

学习目标

1．能正确识读电气原理图，明确相关低压电器的图形符号、文字符号，分析控制器件的动作过程和电路的控制原理。

2．能正确绘制布置图、接线图。

3．能根据任务要求和实际情况，合理制订工作计划。

建议课时：16 课时

学习过程

一、识读电气原理图

CA6140 型车床电气原理图如图 3-2 所示。

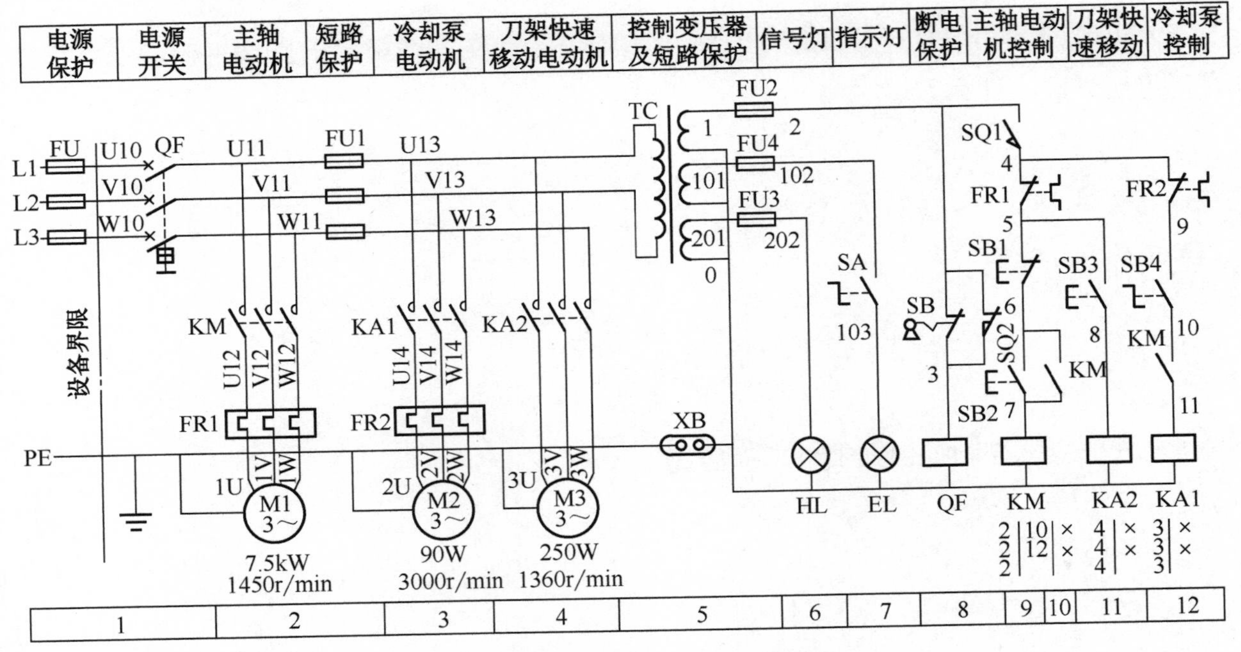

图 3-2　CA6140 型车床电气原理图

（1）识读 CA6140 型车床电气原理图，在图 3-2 中分别圈出主电路、控制电路、辅助电路。

（2）主电路中主要包括哪些设备？分别由哪些元器件控制？

（3）电路中主要采用了哪些保护？分别由什么元器件来实现？

（4）几台电动机分别采用哪种运行方式？

（5）控制变压器 TC 的 3 个副线圈输出电压分别是多少？分别给什么电路供电？

（6）信号灯 HL 为什么没有控制开关？

（7）通过图 3-2 中标注的电动机参数，结合实际机床铭牌参数判断主轴电动机、冷却泵电动机分别是几极电动机？转差率分别为多少？额定电流值各是多少？

（8）热继电器 FRl、FR2 分别起什么作用？它们的动断触点串联使用的目的是什么？

（9）分析线路的工作原理，主轴电动机与冷却泵电动机之间在启动、停止的顺序上存在什么关系？简要描述其工作过程。

（10）除了电气原理图中的方法，还可以用其他方法实现顺序控制，分析图 3-3、图 3-4 所示的几种方式，简要说明它们的工作过程，对比其异同。

① 主电路实现顺序控制。

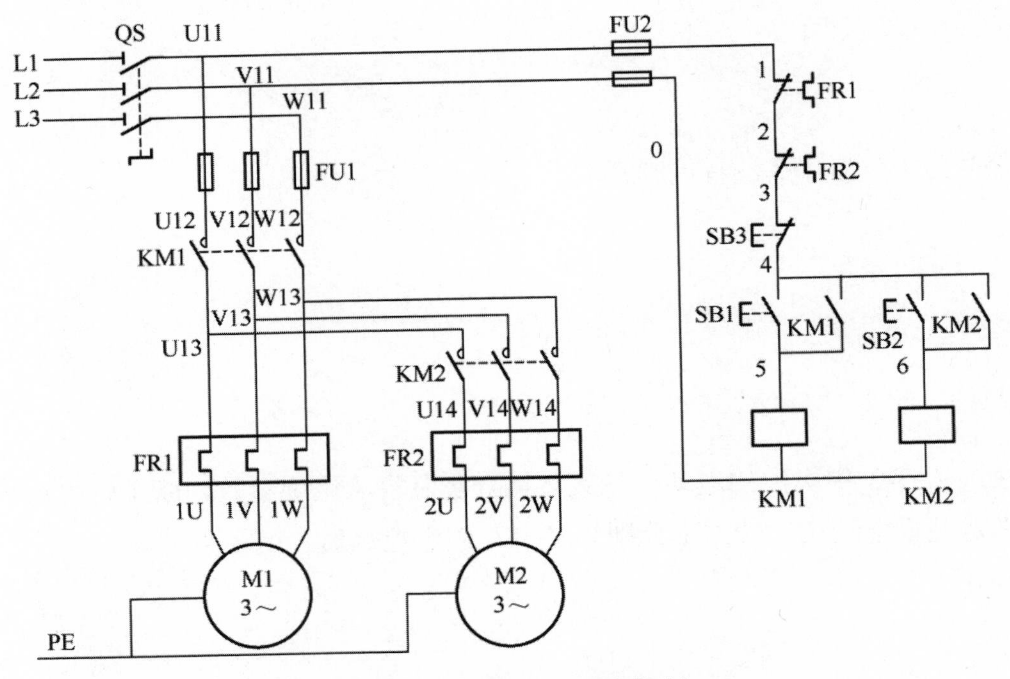

图 3-3 主电路实现顺序控制

② 控制电路实现顺序控制。

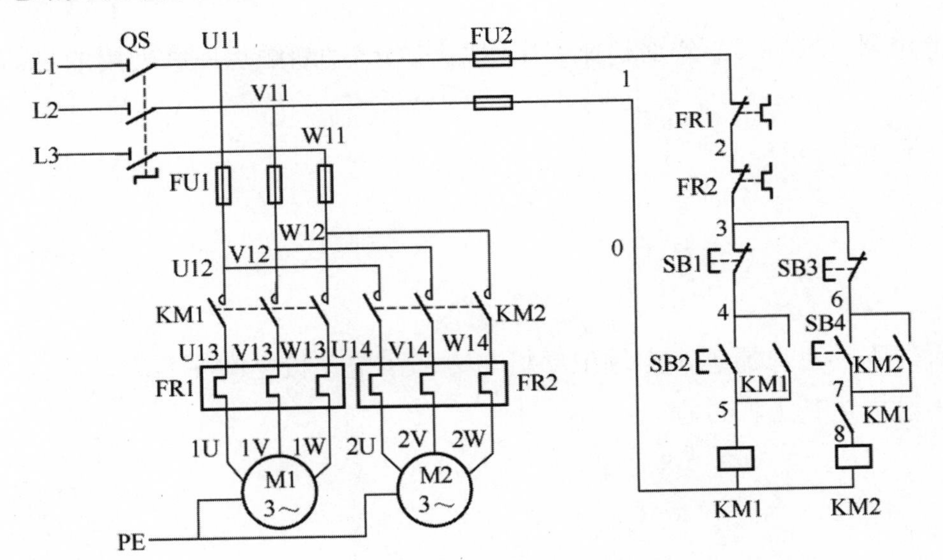

（a）顺序启动控制

图 3-4 控制电路实现顺序控制

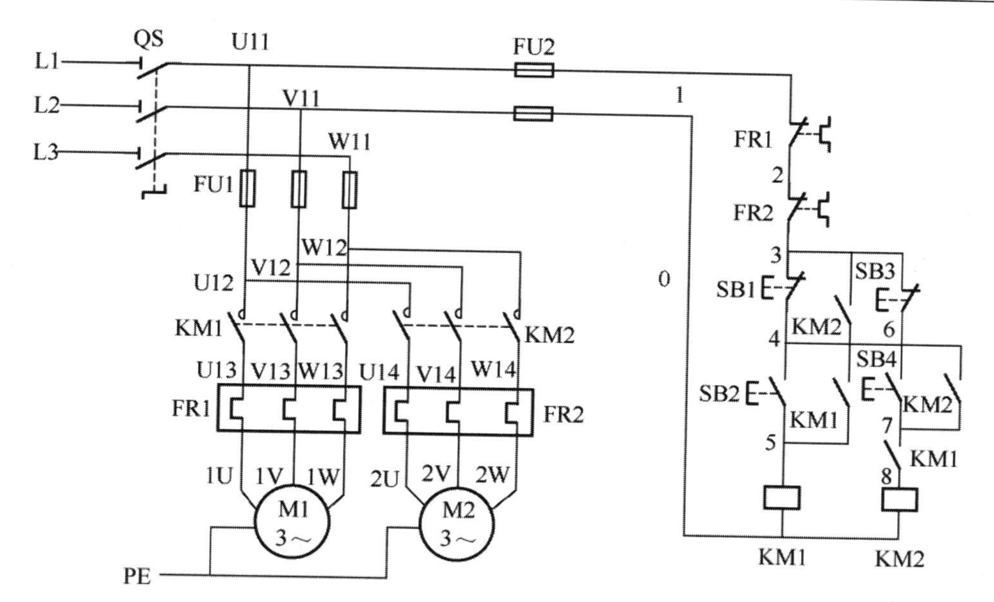

（b）顺序启动、逆序停止

图 3-4　控制电路实现顺序控制（续）

二、绘制接线图

（1）绘制主电路接线图。

（2）绘制控制电路接线图。

三、制订工作计划

根据任务要求和施工图样，结合现场勘查的实际情况，制订小组工作计划。

“CA6140型车床电气控制线路的安装与调试”工作计划

一、人员分工

1．小组负责人：________________

2．小组成员及分工

姓　名	分　工

二、工具及材料清单

序　号	工具或材料名称	单　位	数　量	备　注

三、工序及工期安排

序　号	工作内容	完成时间	备　注

四、安全防护措施

四、评价

以小组为单位，展示本组制订的工作计划。然后在教师点评的基础上对工作计划进行修改完善，并根据表 3-2 所示进行评分。

表 3-2 评价表

评价内容	分值	自我评价	小组评价	教师评价
正确回答问题，并按时完成工作页的填写	20			
正确绘制布置图	5			
正确绘制接线图	10			
人员分工合理	5			
工具和材料清单正确、完整	15			
工序安排合理、完整	10			
安全防护措施合理、完整	10			
工作计划展示得体大方、语言流畅	15			
团结协作	10			
合　计				

学习活动 3 现场施工

学习目标

1．能正确安装 CA6140 型车床电气控制线路。
2．能正确使用万用表进行线路检测，完成通电试车，交付验收。
3．能正确标注有关控制功能的铭牌标签，施工后能按照管理规定清理施工现场。

建议课时：32 课时

学习过程

一、安装元器件和布线

本学习任务中基本不涉及新元器件，安装工艺、步骤、方法及要求与学习任务 1 的基本相同。对照学习任务 1 中电气设备控制线路的安装步骤和工艺要求，完成安装任务。

安装过程中遇到了哪些问题？你是如何解决的？在表 3-3 中记录下来。

表 3-3　安装过程中遇到的问题及解决方法

遇到的问题	解决方法

二、安装完毕后进行自检

用万用表进行自检，自行设计表格，记录自检的项目、过程、测试结果、所遇问题和处理方法。自检无误后，粘贴标签，清理现场。

三、通电试车

断电检查无误后，经教师同意，通电试车，观察电动机的运行状态，测量相关技术参数，若存在故障，及时处理。电动机运行正常无误后，标注有关控制功能的铭牌标签，清理工作现场，交付验收人员检查。通电试车过程中，若出现异常现象，应立即停车，按照前面学习任务中所学的方法步骤进行检修。小组间相互交流，将各自遇到的故障现象、故障原因和处理方法记录在表 3-4 中。

表 3-4　故障分析及检修记录表

故障现象	故障原因	处理方法

四、项目验收

（1）在验收阶段，各小组派出代表进行交叉验收，并详细填写验收记录，如表 3-5 所示。

表 3-5　验收过程问题记录表

验收问题	整改措施	完成时间	备　注

（2）以小组为单位认真填写任务验收报告，如表 3-6 所示，并将学习活动 1 中的工作任务联系单（见表 3-1）填写完整。

表 3-6　CA6140 型车床电气控制线路的安装与调试任务验收报告

工程项目名称				
建设单位			联系人	
地址			电话	
施工单位			联系人	
地址			电话	
项目负责人			施工周期	
工程概况				
现存问题			完成时间	
改进措施				
验收结果	主观评价	客观测试	施工质量	材料移交

五、评价

以小组为单位，展示本组安装与调试成果。根据表 3-7 所示进行评分。

表 3-7　任务评价表

评价内容		分值	自我评价	小组评价	教师评价
元器件的定位及安装	元器件无损伤	10			
	元器件安装平整、对称				
	按图装配，元器件位置、极性正确				

续表

评价内容		分值	自我评价	小组评价	教师评价
接线	按电路图正确接线	40			
	布线方法、步骤正确，符合工艺要求				
	布线横平竖直、整洁有序，接线紧固美观				
	电源和电动机按钮正确连接到接线端子排上，并准确注明引出端子号				
	接点牢固、接头漏铜长度适中，无反圈、压绝缘层、标记号不清楚、标记号遗漏或误标等问题				
	施工中，导线绝缘层或线芯无损伤				
通电调试	热继电器整定值设定正确	30			
	设备正常运转无故障				
	出现故障正确排除				
项目验收	进行项目验收，并正确填写验收报告	10			
安全文明生产	遵守安全文明生产规程	10			
	施工完成后认真清理现场				
施工计划用时________；实际用时________；超时扣分________					
合　计					

学习活动4　工作总结与评价

学习目标

1．能以小组形式，对学习过程和实训成果进行汇报总结。

2．完成对学习过程的综合评价。

建议课时：4课时

学习过程

一、工作总结

请你围绕自己在本次学习任务中的出勤情况，与组员协作开展工作的情况，在CA6140型车床电气控制线路的安装与调试过程中学到的内容，遇到的问题，以及如何解决问题，今后如何避免类似问题的发生等，写一份总结。

二、综合评价（见表 3-8）

表 3-8 综合评价表

评价项目	评价内容	评价标准	自我评价	小组评价	教师评价
职业素养	安全意识、责任意识	1．作风严谨，自觉遵章守纪，出色地完成工作任务（得 10 分） 2．能够遵守规章制度，较好地完成工作任务（得 7 分） 3．遵守规章制度，没完成工作任务，或虽完成工作任务但未严格遵守或忽视规章制度（得 4 分） 4．不遵守规章制度，没完成工作任务（得 2 分）			
	学习态度	1．积极参与教学活动，全勤（得 5 分） 2．缺勤达本任务总课时的 10%（得 4 分） 3．缺勤达本任务总课时的 20%（得 3 分） 4．缺勤达本任务总课时的 30%（得 2 分）			
	团队合作意识	1．与同学协作融洽，团队合作意识强（得 10 分） 2．能与同学沟通，协同工作能力较强（得 8 分） 3．能与同学沟通，协同工作能力一般（得 6 分） 4．与同学沟通困难，协同工作能力较差（得 4 分）			
	6S 管理	1．整个工作任务中，能自觉遵守 6S 管理（得 10 分） 2．整个工作任务中，经教师提醒一次能遵守 6S 管理（得 8 分） 3．整个工作任务中，经教师多次提醒能遵守 6S 管理（得 4 分） 4．整个工作任务中，不能遵守 6S 管理（得 2 分）			
专业能力	学习活动 1 明确工作任务	1．按时完成工作页，问题回答正确（得 5 分） 2．按时、完整地完成工作页，问题回答基本正确（得 4 分） 3．未能按时完成工作页，或内容遗漏、错误较多（得 2 分） 4．未完成工作页（得 1 分）			

续表

评价项目	评价内容	评价标准	自我评价	小组评价	教师评价
专业能力	学习活动 2 施工前的准备	学习活动 2 的得分×20%=该项实际得分			
	学习活动 3 现场施工	学习活动 3 的得分×30%=该项实际得分			
	学习活动 4 工作总结与评价	1．总结书写正确、完善，上台汇报语言通顺流畅（得 10 分） 2．总结书写正确，能上台汇报（得 8 分） 3．总结书写正确，未上台汇报（得 5 分） 4．未写总结（得 0 分）			
创新能力		学习过程中提出具有创新性、可行性的建议	加分奖励：		
学生姓名			学习任务名称		
指导教师			日　期		

学习任务 4

CA6140 型车床电气控制线路的检修

学习目标

1. 能通过阅读设备维修任务单和现场勘查，记录故障现象，明确维修工作内容。

2. 能根据故障现象和 CA6140 型车床电气原理图，分析故障范围，查找故障点，合理制订维修工作计划。

3. 能够熟练运用常用的故障排除方法排除故障。

4. 能正确填写维修记录。

建议课时：40 课时

工作场景描述

实习工厂有型号为 CA6140 的车床出现故障，影响了生产，急需维修，工厂负责人把这项任务交给维修电工班进行紧急检修，要求 1 天内修复，避免影响正常的生产。

工作流程与活动

1. 明确工作任务。
2. 施工前的准备。
3. 现场施工。
4. 工作总结与评价。

学习活动 1 明确工作任务

学习目标

1．能阅读设备维修任务单，明确工时、工作任务等要求。

2．能通过现场勘查及与机床操作人员沟通，明确故障现象并做好记录。

建议课时：4 课时

学习过程

一、阅读设备维修任务单

认真阅读工作场景描述，查阅相关资料，依据故障现象描述或现场观察，填写设备维修任务单，如表 4-1 所示。

表 4-1 设备维修任务单

<table>
<tr><th colspan="6">报修记录</th></tr>
<tr><td>报修部门</td><td>实习工厂</td><td>报修人</td><td></td><td>报修时间</td><td>年 月 日</td></tr>
<tr><td>报修级别</td><td colspan="2">特急□ 急□ 一般□</td><td>希望完工时间</td><td colspan="2">年 月 日</td></tr>
<tr><td>故障设备</td><td>车床</td><td>设备编号</td><td></td><td>故障时间</td><td>年 月 日</td></tr>
<tr><td>故障状况</td><td colspan="5">主轴不转，主轴电动机发出嗡嗡响声</td></tr>
<tr><th colspan="6">维修记录</th></tr>
<tr><td>接单人及时间</td><td colspan="2"></td><td>预定完工时间</td><td colspan="2"></td></tr>
<tr><td>派工</td><td colspan="5"></td></tr>
<tr><td>故障原因</td><td colspan="5"></td></tr>
<tr><td>维修类别</td><td colspan="5">小修□ 中修□ 大修□</td></tr>
<tr><td>维修情况</td><td colspan="5"></td></tr>
<tr><td>维修起止时间</td><td colspan="2"></td><td>工时总计</td><td colspan="2"></td></tr>
<tr><td>耗材名称</td><td>规格</td><td>数量</td><td>耗材名称</td><td>规格</td><td>数量</td></tr>
<tr><td></td><td></td><td></td><td></td><td></td><td></td></tr>
<tr><td></td><td></td><td></td><td></td><td></td><td></td></tr>
<tr><td>维修人员建议</td><td colspan="5"></td></tr>
<tr><th colspan="6">验收记录</th></tr>
<tr><td rowspan="2">验收部门</td><td>维修开始时间</td><td></td><td>完工时间</td><td colspan="2"></td></tr>
<tr><td>维修结果</td><td colspan="4">验收人： 日期：</td></tr>
<tr><td colspan="2">设备部门</td><td colspan="4">验收人： 日期：</td></tr>
</table>

二、调查故障及勘查施工现场

（1）询问车床操作人员哪些运动部件工作不正常，观看机床操作过程，记录 CA6140 型车床上运动部件所呈现的外部故障现象。

（2）除记录故障现象外，还要进行哪些初步检查？

（3）进一步观察故障，找到产生故障的内在原因。例如，车床主轴不能转动，产生这一故障的原因有多种，所涉及的电路范围也会有多处，因此在操作人员按下主轴启动按钮时，应该打开电气控制柜，观察交流接触器是否吸合。如果交流接触器未吸合，则故障在控制电路；如果交流接触器吸合，则故障在主电路。了解这些情况，可以为下一步制订维修方案做好准备，即依据电气原理图和所了解的故障情况，对故障产生的可能原因和所涉及的部位做出初步的分析和判断，并在电气原理图上标出最小故障范围。请写出可能导致 CA6140 型车床故障的内在原因。

学习活动 2 施工前的准备

学习目标

1．能根据技术资料，分析故障原因。

2．能根据不同的故障，正确选用检测方法，并制订检测步骤。

3．能制订设备维修工作计划。

建议课时：14 课时

学习过程

一、故障分析

（1）逻辑分析法是分析故障最常用的方法，使用时有哪些技巧？

（2）根据故障现象结合电气原理图（见图 4-1）进行故障分析，并在电气原理图上用虚线标出最小故障范围。

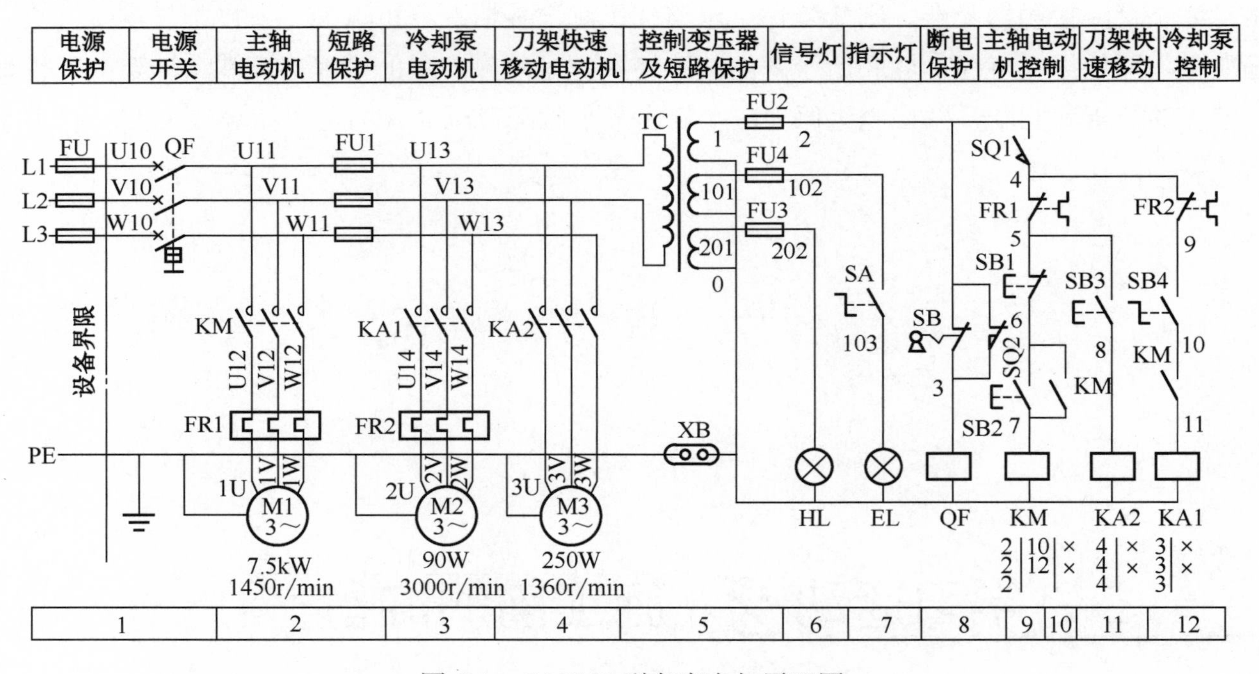

图 4-1　CA6140 型车床电气原理图

（3）根据最小故障范围，查阅相关资料，确定检测故障的方法（如电压法和电阻法），制订检测步骤，并填写表 4-2。

表 4-2　故障原因的分析

检测步骤	检测方法	检测内容	检测结果	说明原因

二、制订工作计划

通过前面的工作我们已经得知，在检修故障时应该遵循“观察和调查故障现象→分析故障原因→确定故障的具体部位→排除故障→检验试车”的操作步骤。依此，制订故障检修工作计划。

“CA6140 型车床电气控制线路的检修”工作计划

一、人员分工

1．小组负责人：________________

2．小组成员及分工

姓　　名	分　　工

续表

二、工具及材料清单

序　号	工具或材料名称	单　位	数　量	备　注

三、工序及工期安排

序　号	工作内容	完成时间	备　注

四、安全防护措施

三、评价

以小组为单位，展示本组制订的工作计划。然后在教师点评的基础上对工作计划进行修改完善，并根据表 4-3 所示进行评分。

表 4-3　评价表

评价内容	分值	自我评价	小组评价	教师评价
正确回答问题，并按时完成工作页的填写	20			
正确分析故障，并标注最小故障范围	10			
检查方法及检查步骤合理、完整	20			
人员分工合理	5			
工具和材料清单正确、完整	10			
工序安排合理、完整	10			

续表

评价内容	分值	自我评价	小组评价	教师评价
安全防护措施合理、完整	5			
工作计划展示得体大方、语言流畅	15			
团结协作	5			
合　计				

学习活动 3　现场施工

学习目标

1．能采用适当的方法查找故障点并排除故障。

2．能正确使用万用表进行线路检测，完成通电试车，交付验收。

3．能正确填写维修记录。

建议课时：18 课时

学习过程

一、排除线路故障

（1）根据学习活动 2 中的初步判断，采用适当的检查方法，找出故障点并排除。在排除故障的过程中，严格执行安全操作规范，文明作业、安全作业，将检修过程记录在表 4-4 中。

表 4-4　检修过程记录表

步骤	测试内容	测试结果	结论和下一步措施

（2）现场施工过程中你做了哪些安全防护措施？

（3）故障排除后，应当做哪些工作？

二、自检、互检和试车

故障检修完毕后，进行自检、互检，经教师同意，通电试车。

（1）查阅资料，思考并简述检修任务完成后的自检、试车和安装与调试任务完成后的自检、试车有哪些异同。

（2）记录自检和互检的情况，如表4-5所示。

表4-5　自检和互检情况记录表

故障范围是否正确		检查方法是否正确		是否修复故障	
自检	互检	自检	互检	自检	互检

三、项目验收

（1）在验收阶段，各小组派出代表进行交叉验收，并填写详细的验收记录，如表 4-6 所示。

表 4-6　验收过程问题记录表

验收问题	整改措施	完成时间	备　　注

（2）以小组为单位认真填写任务验收报告，如表 4-7 所示，并将学习活动 1 中的设备维修任务单（见表 4-1）填写完整。

表 4-7　CA6140 型车床电气控制线路的检修任务验收报告

<table>
<tr><td>工程项目名称</td><td colspan="4"></td></tr>
<tr><td>建设单位</td><td colspan="2"></td><td>联系人</td><td></td></tr>
<tr><td>地址</td><td colspan="2"></td><td>电话</td><td></td></tr>
<tr><td>施工单位</td><td colspan="2"></td><td>联系人</td><td></td></tr>
<tr><td>地址</td><td colspan="2"></td><td>电话</td><td></td></tr>
<tr><td>项目负责人</td><td colspan="2"></td><td>施工周期</td><td></td></tr>
<tr><td>工程概况</td><td colspan="4"></td></tr>
<tr><td>现存问题</td><td colspan="2"></td><td>完成时间</td><td></td></tr>
<tr><td>改进措施</td><td colspan="4"></td></tr>
<tr><td rowspan="2">验收结果</td><td>主观评价</td><td>客观测试</td><td>施工质量</td><td>材料移交</td></tr>
<tr><td></td><td></td><td></td><td></td></tr>
</table>

四、其他故障分析与练习

（1）除了本任务工作场景中涉及的故障现象，在实际应用中，机床还可能出现其他故障情况。以下是 CA6140 型车床几种典型的故障现象，查询相关资料，判断故障范围、分析故障原因、简述处理方法，填写表 4-8。并在教师指导下，进行实际的排除故障训练。

表 4-8　故障分析及检修记录表

故障现象	故障范围	故障原因	处理方法
无电源指示			
照明灯不亮			

续表

故障现象	故障范围	故障原因	处理方法
按下启动按钮 SB2，主轴电动机 M1 不启动，交流接触器 KM 吸合			
冷却泵不能启动			
刀架不能快速移动			

（2）故障排除练习完毕，进行自检和互检，根据测试内容，填写表 4-9。

表 4-9　自检和互检情况记录表

序号	故障现象	故障范围是否正确		检修方法是否正确		是否修复故障	
		自检	互检	自检	互检	自检	互检
1							
2							
3							
4							
5							

五、评价

以小组为单位，展示本组检修成果。根据表 4-10 所示进行评分。

表 4-10　任务评价表

评价内容		分值	自我评价	小组评价	教师评价
故障分析	故障分析思路清晰	20			
	准确标出最小故障范围				
故障排除	用正确的方法排除故障点	30			
	检修中不扩大故障范围或产生新的故障，一旦发生，能及时自行修复				
	工具、设备无损伤				
通电调试	设备正常运转无故障	10			
	能及时独立发现未排除的故障，并解决问题				
工作页填写	完整、正确地填写工作页	20			
项目验收	能根据要求进行项目验收，并正确填写验收报告	10			
安全文明生产	遵守安全文明生产规程	10			
	施工完成后认真清理现场				
施工计划用时＿＿＿＿；实际用时＿＿＿＿；超时扣分＿＿＿＿					
合　计					

学习活动 4 工作总结与评价

学习目标

1. 能以小组形式，对学习过程和实训成果进行汇报总结。
2. 完成对学习过程的综合评价。

建议课时：4 课时

学习过程

一、工作总结

请你围绕自己在本次学习任务中的出勤情况，与组员协作开展工作的情况，在 CA6140 型车床电气线路检修的过程中学到的内容，遇到的问题，以及如何解决问题，今后如何避免类似问题的发生等，写一份总结。

二、综合评价（见表4-11）

表4-11　综合评价表

评价项目	评价内容	评价标准	自我评价	小组评价	教师评价
职业素养	安全意识、责任意识	1．作风严谨，自觉遵章守纪，出色地完成工作任务（得10分） 2．能够遵守规章制度，较好地完成工作任务（得7分） 3．遵守规章制度，没完成工作任务，或虽完成工作任务但未严格遵守或忽视规章制度（得4分） 4．不遵守规章制度，没完成工作任务（得2分）			
	学习态度	1．积极参与教学活动，全勤（得5分） 2．缺勤达本任务总课时的10%（得4分） 3．缺勤达本任务总课时的20%（得3分） 4．缺勤达本任务总课时的30%（得2分）			
	团队合作意识	1．与同学协作融洽、团队合作意识强（得10分） 2．能与同学沟通、协同工作能力较强（得8分） 3．能与同学沟通、协同工作能力一般（得6分） 4．与同学沟通困难、协同工作能力较差（得4分）			
	6S管理	1．整个工作任务中，能自觉遵守6S管理（得10分） 2．整个工作任务中，经教师提醒一次能遵守6S管理（得8分） 3．整个工作任务中，经教师多次提醒能遵守6S管理（得4分） 4．整个工作任务中，不能遵守6S管理（得2分）			
专业能力	学习活动1 明确工作任务	1．按时完成工作页，问题回答正确（得5分） 2．按时、完整地完成工作页，问题回答基本正确（得4分） 3．未能按时完成工作页，或内容遗漏、错误较多（得2分） 4．未完成工作页（得1分）			
	学习活动2 施工前的准备	学习活动2的得分×20%=该项实际得分			
	学习活动3 现场施工	学习活动3的得分×30%=该项实际得分			
	学习活动4 工作总结与评价	1．总结书写正确、完善，上台汇报语言通顺流畅（得10分） 2．总结书写正确，能上台汇报（得8分） 3．总结书写正确，未上台汇报（得5分） 4．未写总结（得0分）			
创新能力		学习过程中提出具有创新性、可行性的建议	加分奖励：		
学生姓名			学习任务名称		
指导教师			日　期		

学习任务 5

M7130 型平面磨床电气控制线路的安装与调试

学习目标

1. 能通过阅读工作任务联系单和现场勘查，明确工作任务要求。

2. 能正确识读电气原理图，绘制布置图、接线图，明确 M7130 型平面磨床电气控制线路的控制过程及工作原理。

3. 能按图样、工艺要求、安全规范等正确安装元器件、完成接线。

4. 能正确使用仪表检测电路安装的正确性，按照安全操作规程完成通电试车。

5. 能正确标注有关控制功能的铭牌标签，施工后能按照管理规定清理施工现场。

建议课时：40 课时

工作场景描述

学校机电工程系有两台 M7130 型平面磨床，因线路严重老化，要对其电气控制线路进行改造。后勤处对维修电工班布置了工作任务，要求在一周内完成 M7130 型平面磨床电气控制线路的安装及调试工作。

工作流程与活动

1. 明确工作任务。
2. 施工前的准备。
3. 现场施工。
4. 工作总结与评价。

学习活动 1　明确工作任务

学习目标

1. 能通过阅读工作任务联系单，明确工作内容、工时等要求。
2. 能描述 M7130 型平面磨床的基本功能、主要结构及运动形式。

建议课时：4 课时

学习过程

一、阅读工作任务联系单

阅读工作任务联系单（见表 5-1），说出本次任务的工作内容、时间要求及交接工作的相关负责人等信息，并根据实际情况补充完整。

表 5-1　工作任务联系单

<table>
<tr><td rowspan="3">报修项目</td><td>楼房号</td><td>18 号楼</td><td>报修人</td><td></td><td>联系电话</td><td></td></tr>
<tr><td colspan="6">报修事项：机电工程系有两台 M7130 型平面磨床因线路严重老化，要对其电气线路进行改造，一周内完成平面磨床电气控制线路的安装与调试工作</td></tr>
<tr><td>报修时间</td><td>年　月　日</td><td>要求完成时间</td><td>年　月　日</td><td>派单人</td><td></td></tr>
<tr><td rowspan="3">维修项目</td><td>接单人</td><td></td><td>维修开始时间</td><td></td><td>维修完成时间</td><td></td></tr>
<tr><td colspan="2">维修部位</td><td></td><td colspan="2">维修人员签字</td><td></td></tr>
<tr><td colspan="2">维修结果</td><td></td><td colspan="2">班组长签字</td><td></td></tr>
<tr><td>验收项目</td><td colspan="6">维修人员工作态度是否端正：是□　否□
本次维修是否已解决问题：是□　否□
是否按时完成：是□　否□
客户评价：非常满意□　基本满意□　不满意□
客户建议或意见：

客户签字：</td></tr>
</table>

二、认识 M7130 型平面磨床

磨床是用砂轮周边或端面对工件进行机械加工的精密机床，它不仅能加工一般金属材料，而且能加工淬火钢或硬质合金等高硬度材料。

（1）写出 M7130 型平面磨床型号中的字母及数字所代表的含义。

M 7 1 30

（2）到车间观看 M7130 型平面磨床的操作演示，到网上搜索 M7130 型平面磨床的图片或操作视频，了解机床的结构及操作过程。在图 5-1 中标出 M7130 型平面磨床的主要结构部件。

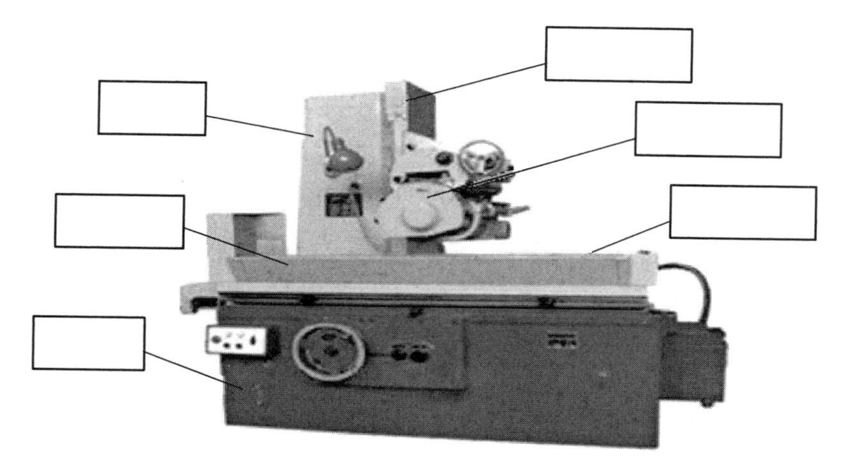

图 5-1 M7130 型平面磨床的外形及结构

（3）M7130 型平面磨床的运动形式是什么？

（4）两台需要改造的平面磨床位于车间的哪个位置？应该如何准备足够的施工空间？

（5）你准备采取哪些途径去了解机床的实际情况？

学习活动 2 施工前的准备

学习目标

1．认识 M7130 型平面磨床使用的元器件，能描述其基本功能、结构和应用特点。

2．能正确识读电气原理图，分析控制器件的动作过程和电路的控制原理。

3．能正确绘制元器件的布置图和接线图。

4．能根据任务要求和实际情况，合理制订工作计划。

建议课时：10 课时

学习过程

M7130 型平面磨床电气原理图如图 5-2 所示，KA（欠电流继电器）、VC（整流桥）、YH（电磁吸盘）等是前面的学习任务中没有出现过的元器件。首先结合电气原理图认识这些元器件的功能特点，然后分析电路的工作原理，进而制订本学习任务的工作计划。

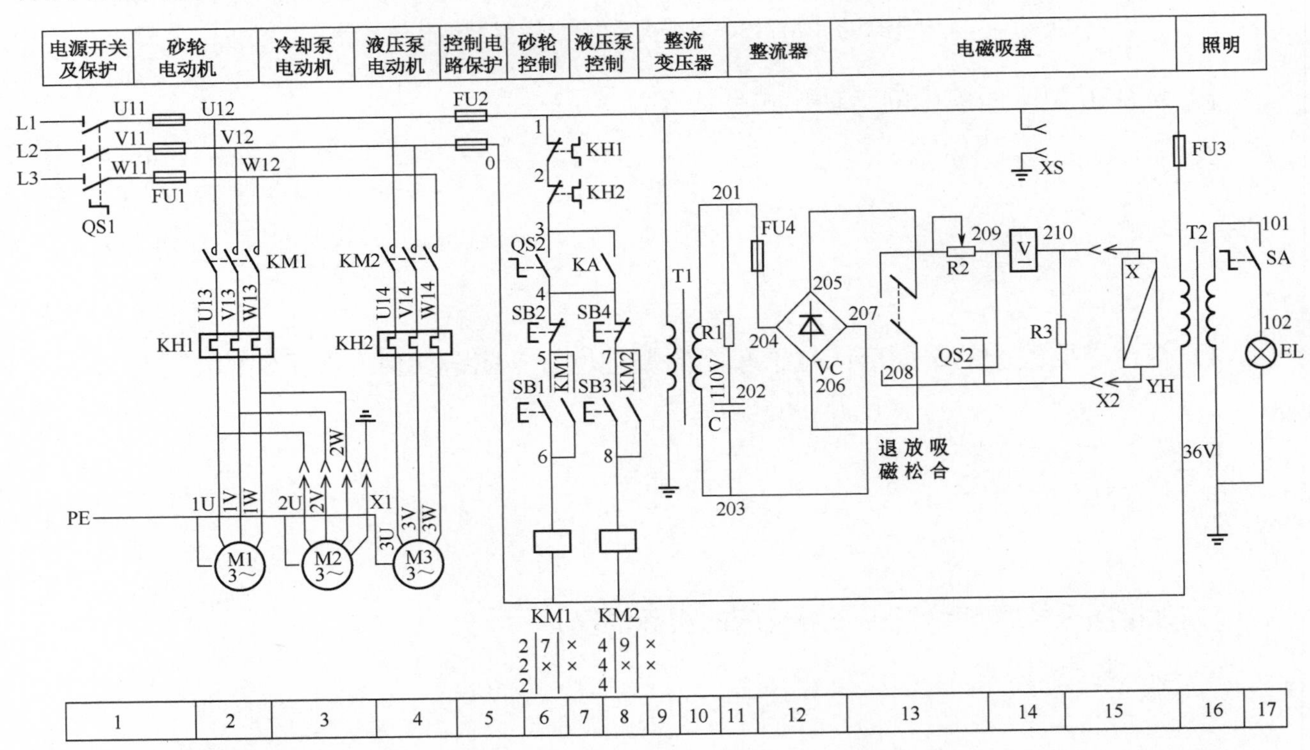

图 5-2 M7130 型平面磨床电气原理图

一、认识元器件

（1）电流继电器是一种根据电流变化而动作的继电器，在电路中用符号 KA 表示，通常分为过电流继电器和欠电流继电器两种。

① 查阅资料，对照实物或模型，认识电流继电器的结构和图形符号，将图 5-3 和图 5-4 补充完整。

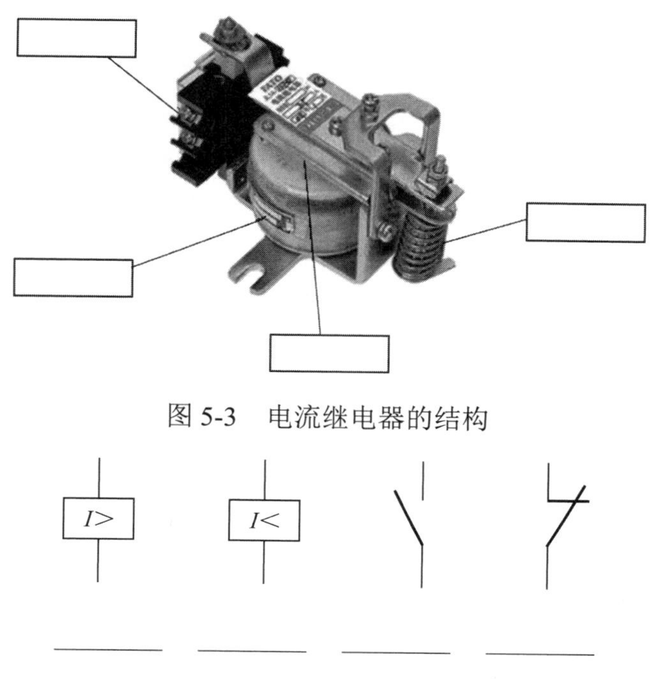

图 5-3　电流继电器的结构

图 5-4　电流继电器图形符号

② 简述电流继电器线圈与触点在电路中的连接方式。

③ 电流继电器是如何实现欠电流保护功能的?

④ 电流继电器的动合触点何时闭合，若不闭合，对电路有何影响?

（2）图 5-2 中的 VC 称为整流桥，它实质上是一个整流电路，请对照 M7130 型平面磨床电气原理图，在图 5-5 中画出具体的整流电路。

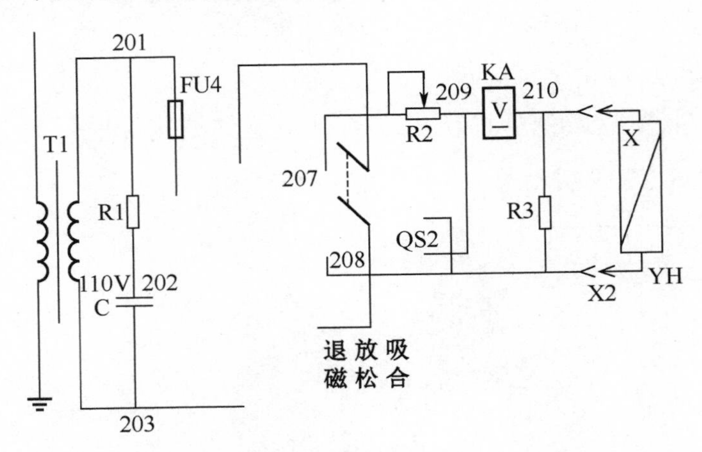

图 5-5　整流电路

（3）图 5-5 中的 YH 表示电磁吸盘。电磁吸盘是一种固定加工工件的夹具。它与机械夹紧装置相比，优点是操作快捷，不损伤工件并能同时吸牢多个小工件，在加工过程中发热工件可以自由伸缩。它存在的主要问题是必须使用直流电源和不能吸牢非磁性材料小工件。

① 对照实物或模型，查阅相关资料，认识电磁吸盘的结构，将图 5-6 补充完整。

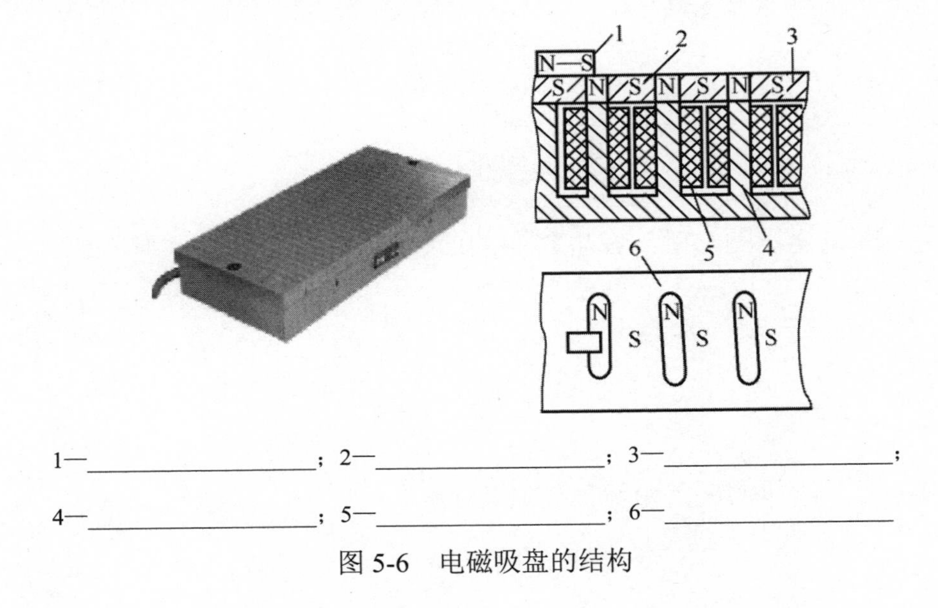

1—________________；2—________________；3—________________；

4—________________；5—________________；6—________________

图 5-6　电磁吸盘的结构

② 查阅相关资料，了解电磁吸盘的使用方法。加工时为了吸住工件，应对电磁吸盘做什么操作？加工完毕，为了取下工件，又应对电磁吸盘做什么操作？

（4）电路中 R1、C 组成阻容吸收回路，它的作用是什么，查阅相关资料说明。

二、分析电路工作原理

（1）M7130 型平面磨床的电气控制要求主要如下。

① 砂轮的旋转用一台三相异步电动机拖动，要求单向连续运行。

② 砂轮电动机、液压泵电动机和冷却泵电动机都只要求单向旋转。

③ 冷却泵电动机只有在砂轮电动机启动后才能够启动。

④ 电磁吸盘应有充磁和退磁控制环节。

根据图 5-2 所示，对照上述控制要求，分析电路的工作原理，理解电路是如何实现上述要求的。参照给定实例，完成表 5-2。

表 5-2　M7130 型平面磨床工作原理

序号	被控对象	控制电路	简述工作原理
1	液压泵电动机	交流接触器 KM2	按下启动按钮 SB3→交流接触器 KM2 自锁→液压泵电动机 M3 运转→液压泵开始工作；按下停止按钮 SB4→交流接触器 KM2 失电→液压泵电动机 M3 停转→液压泵停止工作
2	砂轮电动机		
3	电磁吸盘（充磁）		
	电磁吸盘（退磁）		

（2）在图 5-7 中分别用蓝笔标出充磁、退磁回路，用红笔标出电磁吸盘 YH 的正、负极性。

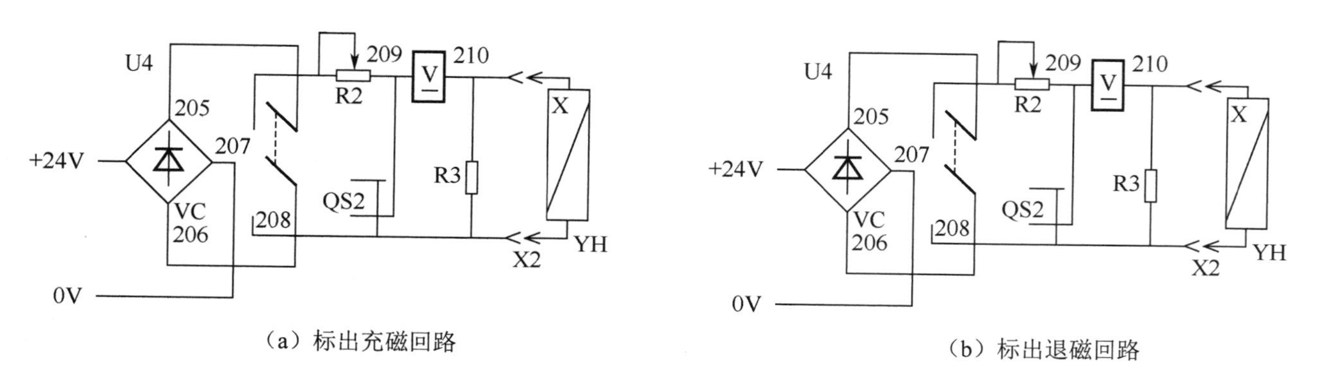

（a）标出充磁回路　　（b）标出退磁回路

图 5-7　充磁、退磁回路

（3）简述充磁时电磁吸盘 YH 的工作过程。

（4）简述退磁时电磁吸盘 YH 的工作过程。

三、绘制配电盘施工的布置图和接线图

（1）根据 M7130 型平面磨床的电气原理图绘制配电盘施工的布置图。

（2）根据 M7130 型平面磨床的电气原理图绘制配电盘施工的接线图。

四、制订工作计划

“M7130 型平面磨床电气控制线路的安装与调试”工作计划

一、人员分工

1．小组负责人：________________

2．小组成员及分工

姓　名	分　工

二、工具及材料清单

序　号	工具或材料名称	单　位	数　量	备　注

续表

三、工序及工期安排

序　号	工作内容	完成时间	备　注

四、安全防护措施

五、评价

以小组为单位，展示本组制订的工作计划。然后在教师点评的基础上对工作计划进行修改完善，并根据表 5-3 所示进行评分。

表 5-3　评价表

评价内容	分值	自我评价	小组评价	教师评价
正确回答问题，并按时完成工作页的填写	20			
正确绘制布置图	5			
正确绘制接线图	10			
人员分工合理	5			
工具和材料清单正确、完整	15			
工序安排合理、完整	10			
安全防护措施合理、完整	10			
工作计划展示得体大方、语言流畅	15			
团结协作	10			
合　计				

学习活动 3 现场施工

学习目标

1. 能按图样、工艺要求、安全规范和设备要求，安装元器件并接线。
2. 能用仪表检查线路安装的正确性并通电试车。
3. 施工完毕能清理现场，正确填写工作记录并交付验收。

建议课时：22 课时

学习过程

一、安装元器件和布线

本学习任务中元器件的安装工艺、步骤、方法及要求与前面任务的基本相同。对照前面任务中电气设备控制线路的安装步骤和工艺要求，完成安装任务。

（1）查阅相关资料，了解电流继电器、整流桥和电磁吸盘的安装方法，并记录要点。

（2）结合实际操作，回答以下问题。

① 三相电源进线如何接到控制面板？

② 主熔断器 FU1 进线应接到何处？为何不能直接连到电源开关 QS1 的接线端？

③ 电动机 M1、M2、M3 等的引出线是否能与控制面板上元器件的接线端直接相连，为什么？

④ 如果交流接触器 KM1、KM2 错选了 220 V 线圈，会出现什么后果?

⑤ 从接线端到控制按钮的连接线，其外部要用哪种材料进行保护?

⑥ 整流桥 VC 应如何接线？

⑦ 电磁吸盘 YH 及其 RC 保护装置（即阻容吸收回路）等应如何接线？

（3）安装过程中遇到了哪些问题，你是如何解决的，记录在表 5-4 中。

表 5-4 安装过程中遇到的问题及解决方法

所遇到的问题	解决方法

二、安装完毕后进行自检和互检

线路安装完毕后，在断电的情况下，用万用表进行自检和互检，根据测试内容，填写表 5-5。自检无误后，粘贴标签，清理现场。

表 5-5 测试情况记录表

序号	测试内容	自检情况记录	互检情况记录
1	用兆欧表对电动机 M1～M3 进行绝缘测试		
2	用万用表对 380V 控制电路进行断电测试		
3	用万用表对 110V 控制电路进行断电测试		

三、通电试车

断电检查无误后，经教师同意，通电试车，观察电动机的运行状态，测量相关技术参数，若存在故障，应及时处理。电动机运行正常无误后，标注有关控制功能的铭牌标签，清理工作现场，交付验收人员检查。通电试车过程中，若出现异常现象，应立即停车，按照前面任务中所学的方法与步骤进行检修。小组间相互交流，将各自遇到的故障现象、故障原因和处理方法记录在表 5-6 中。

表 5-6 故障分析及检修记录表

故障现象	故障原因	处理方法

续表

故障现象	故障原因	处理方法

断电测试完毕，在通电情况下进行自检和互检，根据测试内容，填写表 5-7。

表 5-7　自检和互检情况记录表

测试内容	能否启动	能否停止	调试结果（合格或不合格）		记录故障现象	记录检修部位
			自检	互检		
砂轮电动机						
冷却泵电动机						
液压泵电动机						
电磁吸盘充磁						
电磁吸盘退磁						

四、项目验收

（1）在验收阶段，各小组派出代表进行交叉验收，并详细填写验收记录，如表 5-8 所示。

表 5-8　验收过程问题记录表

验收问题	整改措施	完成时间	备　注

（2）以小组为单位认真填写任务验收报告，如表 5-9 所示，并将学习活动 1 中的工作任

务联系单（见表 5-1）填写完整。

表 5-9 M7130 型平面磨床电气控制线路的安装与调试任务验收报告

工程项目名称				
建设单位		联系人		
地址		电话		
施工单位		联系人		
地址		电话		
项目负责人		施工周期		
工程概况				
现存问题		完成时间		
改进措施				
验收结果	主观评价	客观测试	施工质量	材料移交

五、评价

以小组为单位，展示本组安装与调试成果。根据表 5-10 所示进行评分。

表 5-10 任务评价表

评价内容		分值	自我评价	小组评价	教师评价
元器件的定位及安装	元器件无损伤	10			
	元器件安装平整、对称				
	按图装配，元器件位置、极性正确				
接线	按电路图正确接线	40			
	布线方法、步骤正确，符合工艺要求				
	布线横平竖直、整洁有序，接线紧固美观				
	电源和电动机按钮正确连接到接线端子排上，并准确注明引出端子号				
	接点牢固、接头漏铜长度适中，无反圈、压绝缘层、标记号不清楚、标记号遗漏或误标等问题				
	施工中，导线绝缘层或线芯无损伤				
通电调试	热继电器整定值设定正确	30			
	设备正常运转无故障				
	出现故障正确排除				
项目验收	进行项目验收，并正确填写验收报告	10			
安全文明生产	遵守安全文明生产规程	10			
	施工完成后认真清理现场				
施工计划用时________；实际用时________；超时扣分________					
合　计					

学习活动 4 工作总结与评价

学习目标

1. 能以小组形式，对学习过程和实训成果进行汇报总结。
2. 完成对学习过程的综合评价。

建议课时：4 课时

学习过程

一、工作总结

请你围绕自己在本次学习任务中的出勤情况，与组员协作开展工作的情况，在 M7130 型平面磨床电气控制线路的安装与调试过程中学到的内容，遇到的问题，以及如何解决问题，今后如何避免类似问题的发生等，写一份总结。

二、综合评价（见表 5-11）

表 5-11　综合评价表

评价项目	评价内容	评价标准	自我评价	小组评价	教师评价
职业素养	安全意识、责任意识	1．作风严谨，自觉遵章守纪，出色地完成工作任务（得 10 分） 2．能够遵守规章制度，较好地完成工作任务（得 7 分） 3．遵守规章制度，没完成工作任务，或虽完成工作任务但未严格遵守或忽视规章制度（得 4 分） 4．不遵守规章制度，没完成工作任务（得 2 分）			
	学习态度	1．积极参与教学活动，全勤（得 5 分） 2．缺勤达本任务总课时的 10%（得 4 分） 3．缺勤达本任务总课时的 20%（得 3 分） 4．缺勤达本任务总课时的 30%（得 2 分）			
	团队合作意识	1．与同学协作融洽，团队合作意识强（得 10 分） 2．能与同学沟通，协同工作能力较强（得 8 分） 3．能与同学沟通，协同工作能力一般（得 6 分） 4．与同学沟通困难，协同工作能力较差（得 4 分）			
	6S 管理	1．整个工作任务中，能自觉遵守 6S 管理（得 10 分） 2．整个工作任务中，经教师提醒一次能遵守 6S 管理（得 8 分） 3．整个工作任务中，经教师多次提醒能遵守 6S 管理（得 4 分） 4．整个工作任务中，不能遵守 6S 管理（得 2 分）			
专业能力	学习活动 1 明确工作任务	1．按时完成工作页，问题回答正确（得 5 分） 2．按时、完整地完成工作页，问题回答基本正确（得 4 分） 3．未能按时完成工作页，或内容遗漏、错误较多（得 2 分） 4．未完成工作页（得 1 分）			
	学习活动 2 施工前的准备	学习活动 2 的得分×20%=该项实际得分			
	学习活动 3 现场施工	学习活动 3 的得分×30%=该项实际得分			
	学习活动 4 工作总结与评价	1．总结书写正确、完善，上台汇报语言通顺流畅（得 10 分） 2．总结书写正确，能上台汇报（得 8 分） 3．总结书写正确，未上台汇报（得 5 分） 4．未写总结（得 0 分）			
创新能力		学习过程中提出具有创新性、可行性的建议	加分奖励：		
学生姓名			学习任务名称		
指导教师			日　期		

学习任务 6

M7130 型平面磨床电气控制线路的检修

学习目标

1. 能通过阅读设备维修任务单和现场勘查，记录故障现象，明确维修工作内容。

2. 能根据故障现象和 M7130 型平面磨床电气原理图，分析故障范围，查找故障点，合理制订维修工作计划。

3. 能够熟练运用常用的故障排除方法排除故障。

4. 能正确填写维修记录。

建议课时：20 课时

工作场景描述

学校校办工厂机加工车间有大量机床，为保证设备的正常运行，需要维修电工班成员能熟悉设备的原理、操作和特点，对其进行定期巡检，并能在第一时间对出现故障的设备进行检修、排除故障。今天有一台型号为 M7130 的平面磨床出现故障，为避免影响生产，车间负责人要求维修电工班在 1 天内修复机床。

工作流程与活动

1. 明确工作任务。
2. 施工前的准备。
3. 现场施工。
4. 工作总结与评价。

学习活动 1　明确工作任务

学习目标

1．能通过阅读设备维修任务单，明确工作内容、工时等要求。
2．能通过现场勘查及与机床操作人员沟通，明确故障现象并做好记录。

建议课时：4 课时

学习过程

一、阅读设备维修任务单

请认真阅读工作场景描述，查阅相关资料，依据故障现象描述或现场观察，填写设备维修任务单，如表 6-1 所示。

表 6-1　设备维修任务单

<table>
<tr><th colspan="8">用户资料栏</th></tr>
<tr><td colspan="2">用户单位</td><td colspan="3">校办工厂机加工车间</td><td colspan="2">联系人</td><td></td></tr>
<tr><td colspan="2">购买日期</td><td colspan="3"></td><td colspan="2">联系电话</td><td></td></tr>
<tr><td colspan="2">产品型号</td><td colspan="3">M7130 型平面磨床</td><td colspan="2">设备编号</td><td></td></tr>
<tr><td colspan="2">报修日期</td><td colspan="6">年　月　日</td></tr>
<tr><td colspan="2">故障现象</td><td colspan="6">M7130 型平面磨床砂轮电动机不能启动</td></tr>
<tr><td colspan="2">维修要求</td><td colspan="6">1 天内完成设备抢修，恢复生产</td></tr>
<tr><th colspan="8">维修资料栏</th></tr>
<tr><td rowspan="9">维修内容</td><td>故障现象</td><td colspan="6"></td></tr>
<tr><td>维修情况</td><td colspan="6"></td></tr>
<tr><td rowspan="6">元器件更换情况</td><td>元器件编码</td><td>元器件名称</td><td>单　位</td><td>数　量</td><td>金　额</td><td>备　注</td></tr>
<tr><td></td><td></td><td></td><td></td><td></td><td rowspan="5"></td></tr>
<tr><td></td><td></td><td></td><td></td><td></td></tr>
<tr><td></td><td></td><td></td><td></td><td></td></tr>
<tr><td></td><td></td><td></td><td></td><td></td></tr>
<tr><td></td><td></td><td></td><td></td><td></td></tr>
<tr><td>维修结果</td><td colspan="6"></td></tr>
</table>

执行部门：　　　　　　　　　　维修员：　　　　　　　　　　签收人：

二、调查故障及勘查施工现场

（1）询问机床操作人员哪些运动部件工作不正常，观看机床操作过程，记录 M7130 型平面磨床上运动部件所呈现的外部故障现象。

（2）除记录现象外，还要进行哪些初步检查？

（3）进一步观察故障，找到产生故障的内在原因。例如，平面磨床砂轮电动机不能启动，产生这一故障的原因有多种，所涉及的电路范围也会有多处，因此在操作人员按下砂轮启动按钮时，应该打开电气控制柜，观察交流接触器是否吸合。如果交流接触器未吸合，则故障在控制电路；如果交流接触器吸合，则故障在主电路。了解这些情况，可以为下一步制订维修方案做好准备，即依据电气原理图和所了解的故障情况，对故障产生的可能原因和所涉及的部位做出初步的分析和判断，并在电气原理图上标出最小故障范围。请写出可能导致 M7130 型平面磨床故障的内在原因。

学习活动 2 施工前的准备

学习目标

1．能根据技术资料，分析故障原因。

2．能合理制订设备维修工作计划。

建议课时：6 课时

学习过程

一、故障分析

请根据所做的故障调查内容，对故障可能产生的原因和所涉及的电路区域进行分析并做出初步判断。分析电气原理图，写出故障所在的电路区域。分析过程中，注意查阅相关资料，了解 M7130 型平面磨床常见的故障现象、原因及检修方法。

二、制订工作计划

根据任务要求和施工图样，结合现场勘查的实际情况，制订小组工作计划。

“M7130 型平面磨床电气控制线路的检修”工作计划

一、人员分工

1．小组负责人：________________

2．小组成员及分工

姓　名	分　工

二、工具及材料清单

序　号	工具或材料名称	单　位	数　量	备　注

续表

三、工序及工期安排

序　号	工作内容	完成时间	备　注

四、安全防护措施

三、评价

以小组为单位，展示本组制订的工作计划。然后在教师点评的基础上对工作计划进行修改完善，并根据表 6-2 所示进行评分。

表 6-2　评价表

评价内容	分值	自我评价	小组评价	教师评价
正确回答问题，并按时完成工作页的填写	20			
正确分析故障，并标注最小故障范围	10			
检查方法及检查步骤合理、完整	20			
人员分工合理	5			
工具和材料清单正确、完整	10			
工序安排合理、完整	10			
安全防护措施合理、完整	5			
工作计划展示得体大方、语言流畅	15			
团结协作	5			
合　计				

学习活动 3 现场施工

学习目标

1．能采用适当的方法查找故障点并排除故障。
2．能正确使用万用表进行线路检测，完成通电试车，交付验收。
3．能正确填写维修记录。

建议课时：6 课时

学习过程

一、排除线路故障

根据学习活动 2 中的初步判断，采用适当的检查方法，找出故障点并排除，填写表 6-3。在排除故障的过程中，严格执行安全操作规范，文明作业、安全作业。

表 6-3 检修过程记录表

步骤	测试内容	测试结果	结论和下一步措施

二、自检、互检和试车

故障检修完毕后，进行自检、互检，经教师同意，在机床操作人员或教师的辅助下通电试车。记录自检和互检的情况，如表 6-4 所示。

表 6-4 自检和互检情况记录表

故障范围是否正确		检查方法是否正确		是否修复故障	
自检	互检	自检	互检	自检	互检

三、项目验收

（1）在验收阶段，各小组派出代表进行交叉验收，并详细填写验收记录，如表6-5所示。

表6-5　验收过程问题记录表

验收问题	整改措施	完成时间	备　　注

（2）以小组为单位认真填写任务验收报告，如表6-6所示，并将学习活动1中的设备维修任务单（见表6-1）填写完整。

表6-6　M7130型平面磨床电气控制线路的检修任务验收报告

<table>
<tr><td>工程项目名称</td><td colspan="4"></td></tr>
<tr><td>建设单位</td><td colspan="2"></td><td>联系人</td><td></td></tr>
<tr><td>地址</td><td colspan="2"></td><td>电话</td><td></td></tr>
<tr><td>施工单位</td><td colspan="2"></td><td>联系人</td><td></td></tr>
<tr><td>地址</td><td colspan="2"></td><td>电话</td><td></td></tr>
<tr><td>项目负责人</td><td colspan="2"></td><td>施工周期</td><td></td></tr>
<tr><td>工程概况</td><td colspan="4"></td></tr>
<tr><td>现存问题</td><td colspan="2"></td><td>完成时间</td><td></td></tr>
<tr><td>改进措施</td><td colspan="4"></td></tr>
<tr><td rowspan="2">验收结果</td><td>主观评价</td><td>客观测试</td><td>施工质量</td><td>材料移交</td></tr>
<tr><td></td><td></td><td></td><td></td></tr>
</table>

四、其他故障分析与练习

（1）除了本任务工作场景中涉及的故障现象，在实际应用中，机床还可能出现其他故障情况。以下是M7130型平面磨床几种典型的故障现象，查询相关资料，判断故障范围、分析故障原因、简述处理方法，填写表6-7，并在教师指导下，进行实际的排除故障训练。

表6-7　故障分析及检修记录表

故障现象描述	故障范围	故障原因	处理方法
整机不工作			
砂轮电动机只能点动运转			
冷却泵电动机无法启动			

续表

故障现象描述	故障范围	故障原因	处理方法
电磁吸盘既不能充磁也不能退磁			
电磁吸盘只能充磁不能退磁			
电磁吸盘只能退磁不能充磁			

（2）故障排除练习完毕，进行自检和互检，根据测试内容填写表 6-8。

表 6-8　自检和互检情况记录表

序号	故障现象	故障范围是否正确		检修方法是否正确		是否修复故障	
		自检	互检	自检	互检	自检	互检
1							
2							
3							
4							
5							
6							
7							
8							
9							

五、评价

以小组为单位，展示本组检修成果。根据表 6-9 所示进行评分。

表 6-9　任务评价表

评价内容		分值	自我评价	小组评价	教师评价
故障分析	故障分析思路清晰	20			
	准确标出最小故障范围				
故障排除	用正确的方法排除故障点	30			
	检修中不扩大故障范围或产生新的故障，一旦发生，能及时自行修复				
	工具、设备无损伤				
通电调试	设备正常运转无故障	10			
	能及时独立发现未排除的故障，并解决问题				
工作页填写	完整、正确地填写工作页	20			
项目验收	能根据要求进行项目验收，并正确填写验收报告单	10			

续表

评价内容		分值	自我评价	小组评价	教师评价
安全文明生产	遵守安全文明生产规程	10			
	施工完成后认真清理现场				
施工计划用时＿＿＿＿；实际用时＿＿＿＿；超时扣分＿＿＿＿					
合　计					

学习活动 4　工作总结与评价

学习目标

1. 能以小组形式，对学习过程和实训成果进行汇报总结。
2. 完成对学习过程的综合评价。

建议课时：4 课时

学习过程

一、工作总结

请你围绕自己在本次学习任务中的出勤情况，与组员协作开展工作的情况，在 M7130 型磨床电气线路检修的过程中学到的内容，遇到的问题，以及如何解决问题，今后如何避免类似问题的发生等，写一份总结。

____

____

____

____

____

____

____

____

____

____

二、综合评价（见表 6-10）

表 6-10 综合评价表

<table>
<tr><th>评价项目</th><th>评价内容</th><th colspan="2">评价标准</th><th>自我评价</th><th>小组评价</th><th>教师评价</th></tr>
<tr><td rowspan="4">职业素养</td><td>安全意识、责任意识</td><td colspan="2">1．作风严谨，自觉遵章守纪，出色地完成工作任务（得 10 分）
2．能够遵守规章制度，较好地完成工作任务（得 7 分）
3．遵守规章制度，没完成工作任务，或虽完成工作任务但未严格遵守或忽视规章制度（得 4 分）
4．不遵守规章制度，没完成工作任务（得 2 分）</td><td></td><td></td><td></td></tr>
<tr><td>学习态度</td><td colspan="2">1．积极参与教学活动，全勤（得 5 分）
2．缺勤达本任务总课时的 10%（得 4 分）
3．缺勤达本任务总课时的 20%（得 3 分）
4．缺勤达本任务总课时的 30%（得 2 分）</td><td></td><td></td><td></td></tr>
<tr><td>团队合作意识</td><td colspan="2">1．与同学协作融洽，团队合作意识强（得 10 分）
2．能与同学沟通，协同工作能力较强（得 8 分）
3．能与同学沟通，协同工作能力一般（得 6 分）
4．与同学沟通困难，协同工作能力较差（得 4 分）</td><td></td><td></td><td></td></tr>
<tr><td>6S 管理</td><td colspan="2">1．整个工作任务中，能自觉遵守 6S 管理（得 10 分）
2．整个工作任务中，经教师提醒一次能遵守 6S 管理（得 8 分）
3．整个工作任务中，经教师多次提醒能遵守 6S 管理（得 4 分）
4．整个工作任务中，不能遵守 6S 管理（得 2 分）</td><td></td><td></td><td></td></tr>
<tr><td rowspan="4">专业能力</td><td>学习活动 1
明确工作任务</td><td colspan="2">1．按时完成工作页，问题回答正确（得 5 分）
2．按时、完整地完成工作页，问题回答基本正确（得 4 分）
3．未能按时完成工作页，或内容遗漏、错误较多（得 2 分）
4．未完成工作页（得 1 分）</td><td></td><td></td><td></td></tr>
<tr><td>学习活动 2
施工前的准备</td><td colspan="2">学习活动 2 的得分×20%=该项实际得分</td><td></td><td></td><td></td></tr>
<tr><td>学习活动 3
现场施工</td><td colspan="2">学习活动 3 的得分×30%=该项实际得分</td><td></td><td></td><td></td></tr>
<tr><td>学习活动 4
工作总结与评价</td><td colspan="2">1．总结书写正确、完善，上台汇报语言通顺流畅（得 10 分）
2．总结书写正确，能上台汇报（得 8 分）
3．总结书写正确，未上台汇报（得 5 分）
4．未写总结（得 0 分）</td><td></td><td></td><td></td></tr>
<tr><td colspan="2">创新能力</td><td colspan="2">学习过程中提出具有创新性、可行性的建议</td><td colspan="3">加分奖励：</td></tr>
<tr><td colspan="2">学生姓名</td><td></td><td>学习任务名称</td><td colspan="3"></td></tr>
<tr><td colspan="2">指导教师</td><td></td><td>日　期</td><td colspan="3"></td></tr>
</table>

学习任务 7

Z3050 型摇臂钻床电气控制线路的安装与调试

学习目标

1. 能通过阅读工作任务联系单和现场勘查，明确工作任务要求。

2. 能正确识读电气原理图，绘制布置图、接线图，明确 Z3050 型摇臂钻床电气控制线路的控制过程及工作原理。

3. 能按图样、工艺要求、安全规范等正确安装元器件、完成接线。

4. 能正确使用仪表检测线路安装的正确性，按照安全操作规程完成通电试车。

5. 能正确标注有关控制功能的铭牌标签，施工后能按照管理规定清理施工现场。

建议课时：40 课时

工作场景描述

校企合作单位有六台 Z3050 型摇臂钻床因长期使用导致元器件老化，经双方协商决定由学校电气工程系委派维修电工班对其电气控制线路进行重新安装与调试（施工周期为 8 天），按规定期限完成验收并交付使用。

工作流程与活动

1. 明确工作任务。
2. 施工前的准备。
3. 现场施工。
4. 工作总结与评价。

学习活动 1 明确工作任务

学习目标

1．能通过阅读工作任务联系单，明确工作任务内容、工时等要求。
2．能描述 Z3050 型摇臂钻床的基本功能、主要结构及运动形式。

建议课时：4 课时

学习过程

一、阅读工作任务联系单

阅读工作任务联系单（见表 7-1），说出本次任务的工作内容、时间要求及交接工作的相关负责人等信息，并根据实际情况补充完整。

表 7-1 工作任务联系单

任务名称		委托方	
工作内容		施工时间	
		施工地址	
报修单位 联系人及电话		安装单位 联系人及电话	
技术协议			

二、认识 Z3050 型摇臂钻床

机械加工过程中经常要加工各种各样的孔，钻床就是一种用途广泛的孔加工机床，它主要用于钻削精度要求不太高的孔，还可以用来扩孔、铰孔、镗孔及攻螺纹等，钻床的结构形式很多，有立式钻床、卧式钻床、台式钻床、深孔钻床等。Z3050 型摇臂钻床是一种常用的立式钻床。

（1）查阅相关资料，结合实物观察，认识 Z3050 型摇臂钻床的结构，将图 7-1 补充完整。

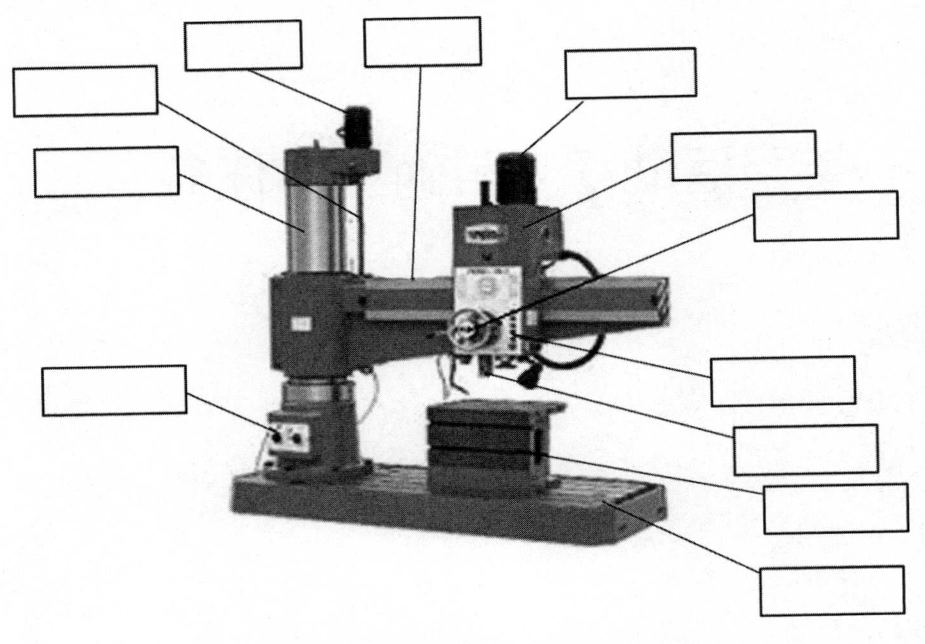

图 7-1　Z3050 型摇臂钻床的外形及结构

（2）查阅相关资料并观看教师演示操作，简述 Z3050 型摇臂钻床的主要运动形式有哪些。

（3）为保证安装、调试工作顺利进行，企业应提供哪些技术资料？需要与企业协调哪些事项？

（4）对施工现场还要进行哪些勘查？记录哪些数据？

学习活动 2 施工前的准备

学习目标

1. 能正确识读 Z3050 型摇臂钻床电气原理图，分析控制元器件的动作过程和电路的控制原理。

2. 能根据任务要求和实际情况，合理制订工作计划。

建议课时：6 课时

学习过程

一、请结合图样（见图 7-2～图 7-5）回答下列问题

（1）Z3050 型摇臂钻床共有四台电动机，分别起什么作用?各自采用什么样的运转方式？

（2）电磁阀 YA1、YA2 起什么作用？

（3）行程开关 SQ2 起什么作用？

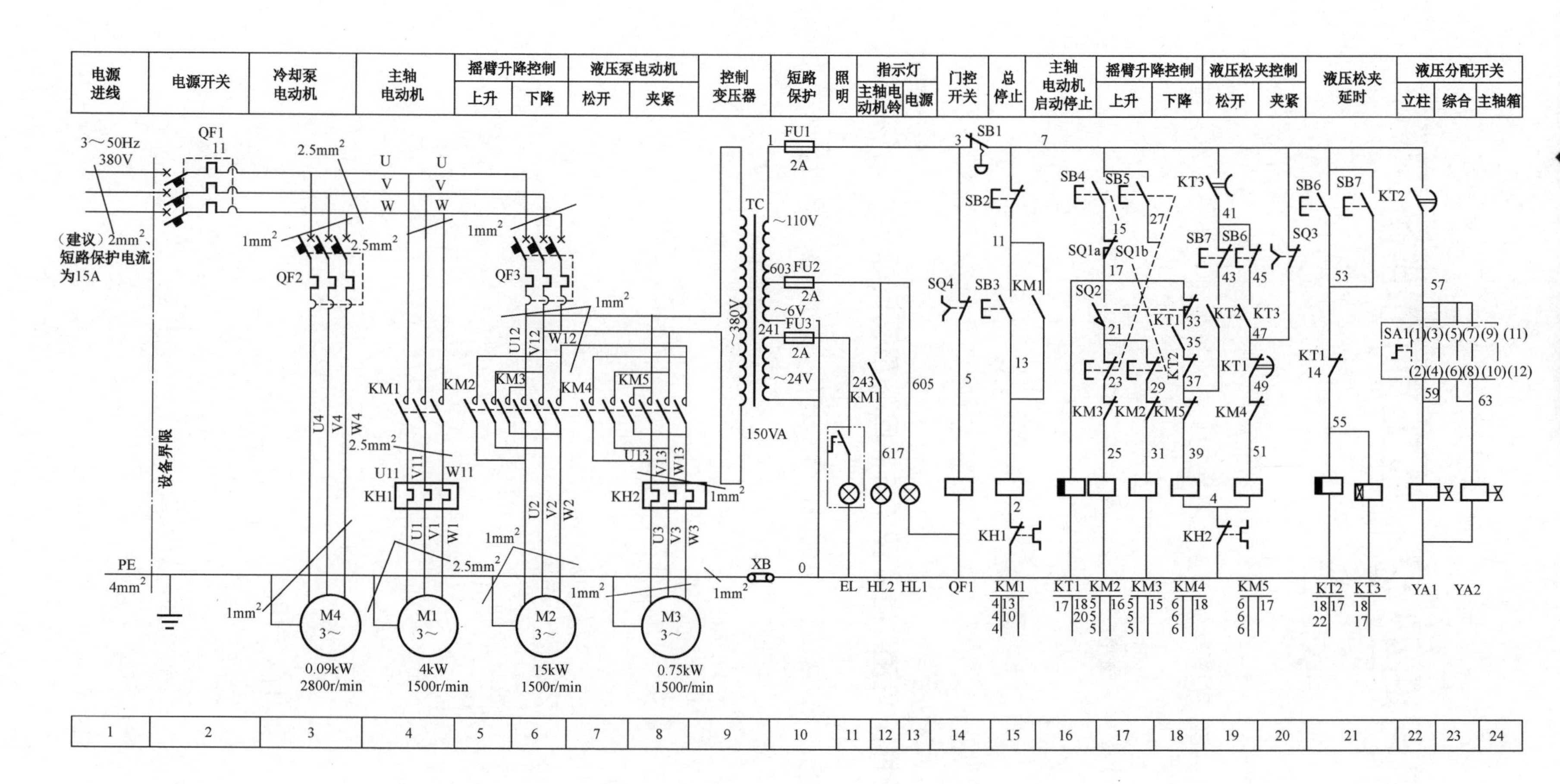

图7-2　Z3050型摇臂钻床电气原理图

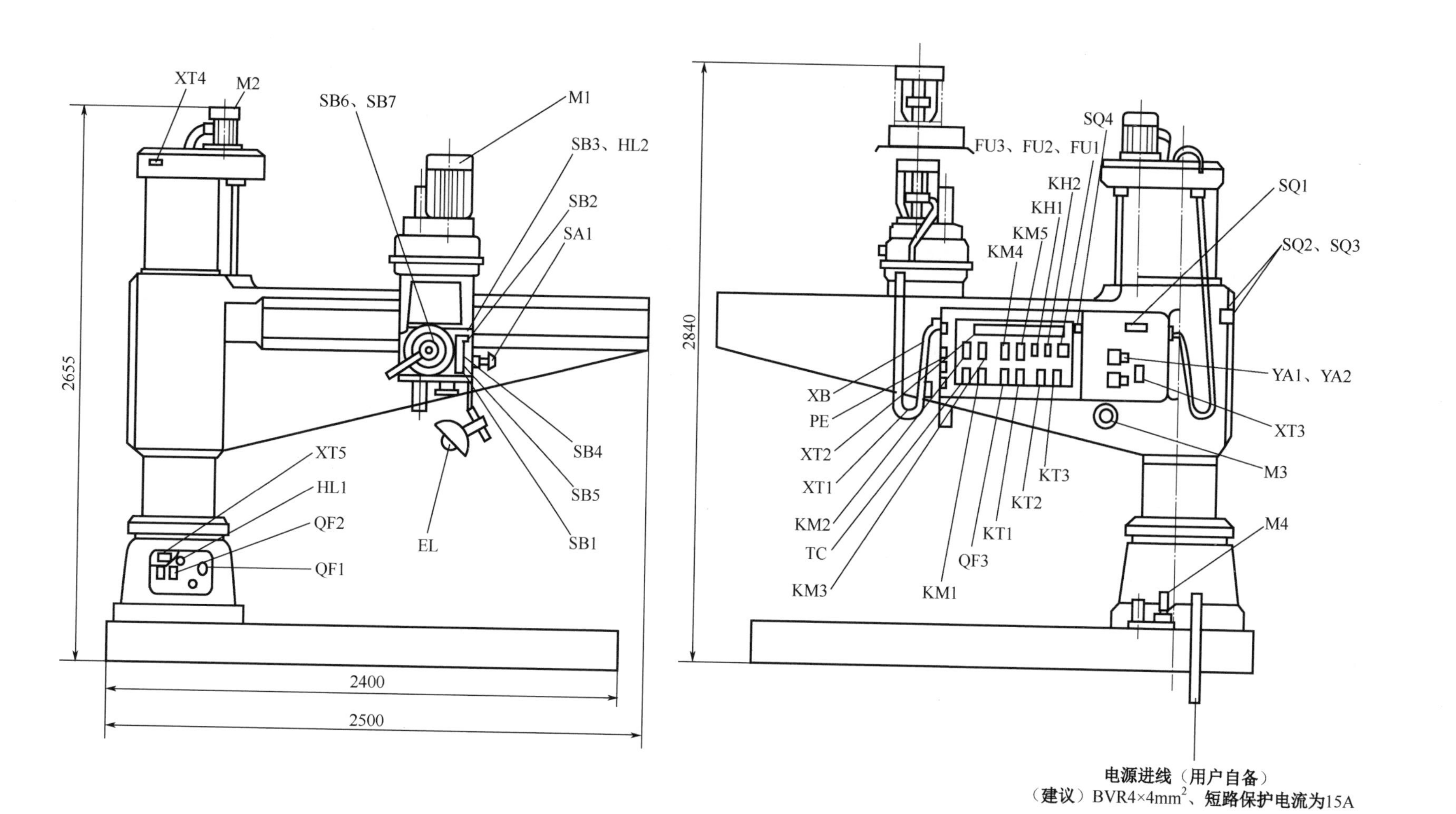

图 7-3　Z3050 型摇臂钻床结构图

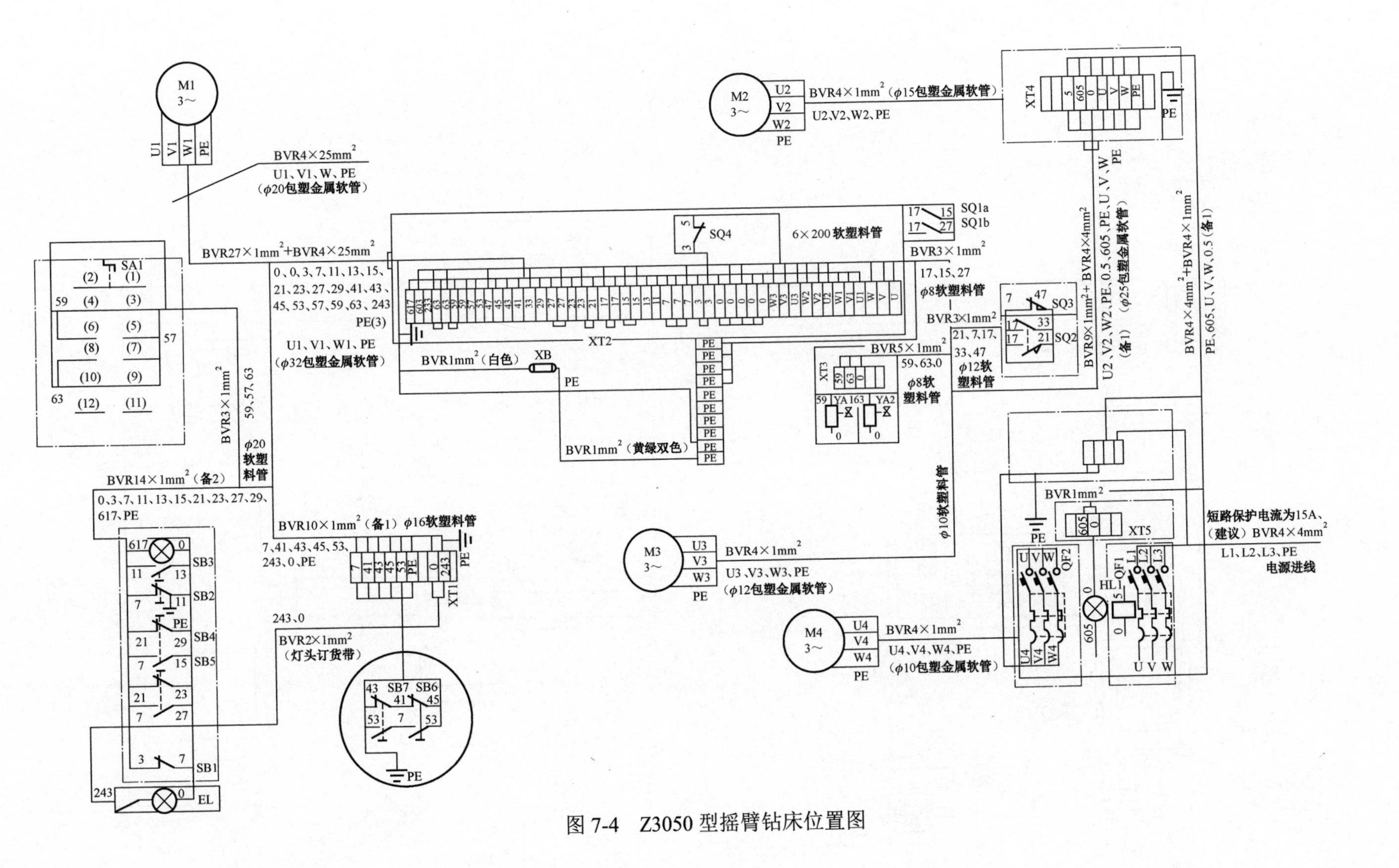

图 7-4　Z3050 型摇臂钻床位置图

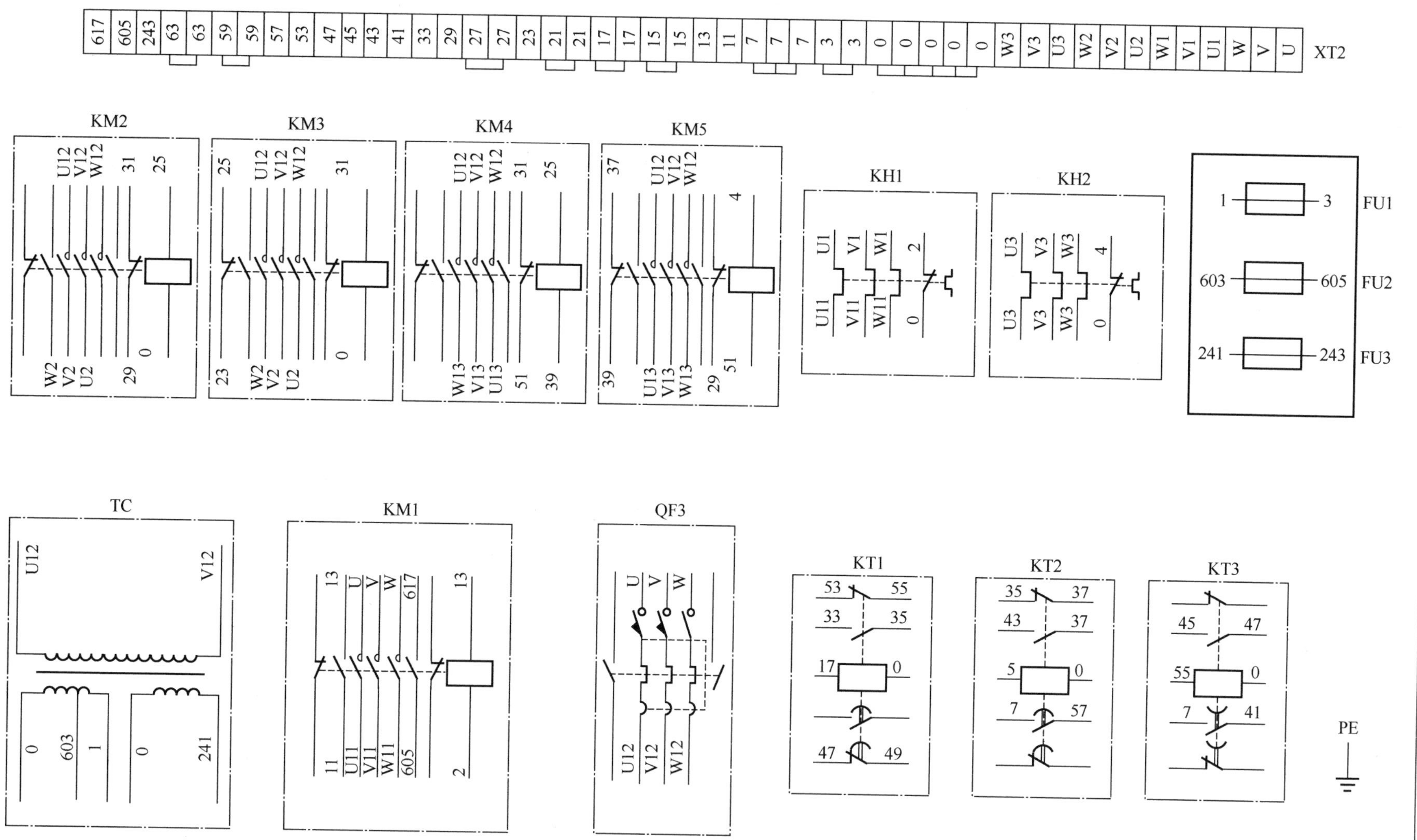

图 7-5　Z3050 型摇臂钻床接线图

二、分析电路原理

（1）分析时间继电器 KT1、KT2、KT3 的作用。

（2）描述 Z3050 型摇臂钻床的夹紧放松过程。

（3）画出摇臂上升与下降控制局部电路图并简述其工作过程，填写表 7-2。

表 7-2　摇臂升降控制电路图及动作过程

摇臂升降控制电路图	动作过程

（4）结合图样分析，回答以下问题。

① 组合开关 SQ1a 和 SQ1b 作为摇臂升降的位置控制器件，若两者的安装位置对换，可能产生什么后果？

② Z3050 型摇臂钻床大修后，如果将摇臂升降电动机的三相电源相序接反，可能产生什么后果？

三、制订工作计划

查阅相关资料，了解任务实施的基本步骤，结合实际情况，制订小组工作计划。

"Z3050 型摇臂钻床电气控制线路的安装与调试"工作计划

一、人员分工

1．小组负责人：____________________

2．小组成员及分工

姓　　名	分　　工

二、工具及材料清单

序　号	工具或材料名称	单　　位	数　　量	备　　注

续表

三、工序及工期安排

序　号	工作内容	完成时间	备　　注

四、安全防护措施

四、评价

以小组为单位，展示本组制订的工作计划。然后在教师点评的基础上对工作计划进行修改完善，并根据表 7-3 所示进行评分。

表 7-3　测评表

评价内容	分值	自我评价	小组评价	教师评价
正确回答问题，并按时完成工作页的填写	20			
正确绘制布置图	5			
正确绘制接线图	10			
人员分工合理	5			
工具和材料清单正确、完整	15			
工序安排合理、完整	10			
安全防护措施合理、完整	10			
工作计划展示得体大方、语言流畅	15			
团结协作	10			
合　　计				

学习活动 3 现场施工

学习目标

1．能按图样、工艺要求、安全规范和设备要求，安装元器件并接线。
2．能用仪表检查线路安装的正确性并通电试车。
3．施工完毕能清理现场，填写工作记录并交付验收。

建议课时：26 课时

学习过程

一、安装元器件和布线

本学习任务中元器件的安装工艺、步骤、方法及要求与前面任务的基本相同。对照前面任务中电气设备控制线路的安装步骤和工艺要求，完成安装任务。

（1）画出 Z3050 型摇臂钻床电气控制柜内元器件的布置图。

（2）写出你所采用的元器件安装方法（轨道安装、直接安装）和布线方式。

（3）安装过程中遇到了哪些问题，你是如何解决的，记录在表 7-4 中。

表 7-4　安装过程中遇到的问题及解决方法

遇到的问题	解决方法

二、安装完毕后进行自检和互检

电路安装完毕，在断电情况下进行自检和互检，根据测试内容，自行设计表格进行记录。

三、通电试车与项目验收

（1）断电检查无误后，经教师同意，通电试车，观察电动机的运行状态，测量相关技术参数，若存在故障，及时处理。电动机运行正常无误，交付验收人员检查。通电试车过程中，若出现异常现象，应立即停车，按照前面任务中所学的方法步骤进行检修。小组间相互交流，将各自遇到的故障现象、故障原因和处理方法记录下来，如表 7-5 所示。

表 7-5　故障分析及检修记录表

故障现象	故障原因	处理方法

（2）结合调试情况，填写 Z3050 型摇臂钻床机电单元测试记录表，如表 7-6 所示，留档管理。

表 7-6　Z3050 型摇臂钻床机电单元测试记录表

项目名称：　　　　　　　　　　　　　　　　　　　测试时间：　　年　　月　　日

机构单元	测试内容			
	部件明细	测试机构工艺记录明细	工艺标准（确认）	备注（参数由最终用户确定）
液压系统单元				
摇臂升降夹紧放松系统单元				
主轴及主轴箱机构单元				
人机保护单元				
冷却系统单元				
其他单点调试记录说明				
问题与建议（可以对电气设计提出合理化建议）				

测试结果：　　　　　　　　　　　　　　　　　　　测试人：

（3）在验收阶段，各小组派出代表进行交叉验收，并填写表 7-7。

表 7-7　Z3050 型摇臂钻床外观及性能验收

检查项目	自　检		互　检	
	合格	不合格	合格	不合格
元器件的选择是否正确				
导线、穿线管选用是否正确				
各元器件、接线端子固定的是否牢固				
是否按规定套编码套管				
电气控制柜内外元器件安装是否符合要求				

续表

检查项目	自检		互检	
	合格	不合格	合格	不合格
有无损坏元器件				
导线通道敷设是否符合要求				
是否按照电路图敷设导线				
有无接地线				
主开关是否安全妥当				
各限位开关安装是否合适				
工艺美观性如何				
继电器整定值是否合适				
各熔断器熔体是否符合要求				
操作面板所有按键、开关、指示灯接线是否正确				
电源相序是否正确				
电动机及线路的绝缘电阻是否符合要求				
有无清理安装现场				
控制电路的工作情况如何				
点动各电动机转向是否符合要求				
指示信号和照明灯是否完好				
工具、仪表的使用是否符合要求				
是否严格遵守安全操作规程				

（4）在验收过程中，根据前面所学知识详细填写验收记录，如表 7-8 所示。

表 7-8　验收过程问题记录表

验收问题	整改措施	完成时间	备　注

（5）以小组为单位认真填写 Z3050 型摇臂钻床电气控制线路的安装与调试任务验收报告，如表 7-9 所示，并将学习活动 1 中的工作任务联系单（见表 7-1）填写完整。

表 7-9　Z3050 型摇臂钻床电气控制线路的安装与调试任务验收报告

工程项目名称			
建设单位		联系人	
地址		电话	
施工单位		联系人	
地址		电话	

续表

项目负责人		施工周期		
工程概况				
现存问题		完成时间		
改进措施				
验收结果	主观评价	客观测试	施工质量	材料移交

四、评价

以小组为单位，展示本组安装与调试成果。根据表7-10所示进行评分。

表7-10 任务评价表

评价内容		分值	自我评价	小组评价	教师评价
元器件的定位及安装	元器件无损伤	10			
	元器件安装平整、对称				
	按图装配，元器件位置、极性正确				
接线	按电路图正确接线	40			
	布线方法、步骤正确，符合工艺要求				
	布线横平竖直、整洁有序，接线紧固美观				
	电源、电动机和按钮正确连接到接线端子排上，并准确注明引出端子号				
	接点牢固、接头漏铜长度适中，无反圈、压绝缘层、标记号不清楚、标记号遗漏或误标等问题				
	施工中，导线绝缘层或线芯无损伤				
通电调试	热继电器整定值设定正确	30			
	设备正常运转无故障				
	出现故障正确排除				
项目验收	进行项目验收，并正确填写验收报告	10			
安全文明生产	遵守安全文明生产规程	10			
	施工完成后认真清理现场				
施工计划用时________；实际用时________；超时扣分________					
合　计					

学习活动 4 工作总结与评价

学习目标

1. 能以小组形式，对学习过程和实训成果进行汇报总结。
2. 完成对学习过程的综合评价。

建议课时：4 课时

学习过程

一、工作总结

请你围绕自己在本次学习任务中的出勤情况，与组员协作开展工作的情况，在 Z3050 型摇臂钻床电气控制线路的安装与调试的过程学到的内容，遇到的问题，以及如何解决问题，今后如何避免类似问题的发生等，写一份总结。

二、综合评价（见表 7-11）

表 7-11　综合评价表

<table>
<tr><th>评价项目</th><th>评价内容</th><th>评价标准</th><th>自我评价</th><th>小组评价</th><th>教师评价</th></tr>
<tr><td rowspan="4">职业素养</td><td>安全意识、责任意识</td><td>1. 作风严谨，自觉遵章守纪，出色地完成工作任务（得 10 分）
2. 能够遵守规章制度，较好地完成工作任务（得 7 分）
3. 遵守规章制度，没完成工作任务，或虽完成工作任务但未严格遵守或忽视规章制度（得 4 分）
4. 不遵守规章制度，没完成工作任务（得 2 分）</td><td></td><td></td><td></td></tr>
<tr><td>学习态度</td><td>1. 积极参与教学活动，全勤（得 5 分）
2. 缺勤达本任务总课时的 10%（得 4 分）
3. 缺勤达本任务总课时的 20%（得 3 分）
4. 缺勤达本任务总课时的 30%（得 2 分）</td><td></td><td></td><td></td></tr>
<tr><td>团队合作意识</td><td>1. 与同学协作融洽，团队合作意识强（得 10 分）
2. 能与同学沟通，协同工作能力较强（得 8 分）
3. 能与同学沟通，协同工作能力一般（得 6 分）
4. 与同学沟通困难，协同工作能力较差（得 4 分）</td><td></td><td></td><td></td></tr>
<tr><td>6S 管理</td><td>1. 整个工作任务中，能自觉遵守 6S 管理（得 10 分）
2. 整个工作任务中，经教师提醒一次能遵守 6S 管理（得 8 分）
3. 整个工作任务中，经教师多次提醒能遵守 6S 管理（得 4 分）
4. 整个工作任务中，不能遵守 6S 管理（得 2 分）</td><td></td><td></td><td></td></tr>
<tr><td rowspan="4">专业能力</td><td>学习活动 1
明确工作任务</td><td>1. 按时完成工作页，问题回答正确（得 5 分）
2. 按时、完整地完成工作页，问题回答基本正确（得 4 分）
3. 未能按时完成工作页，或内容遗漏、错误较多（得 2 分）
4. 未完成工作页（得 1 分）</td><td></td><td></td><td></td></tr>
<tr><td>学习活动 2
施工前的准备</td><td>学习活动 2 的得分×20%=该项实际得分</td><td></td><td></td><td></td></tr>
<tr><td>学习活动 3
现场施工</td><td>学习活动 3 的得分×30%=该项实际得分</td><td></td><td></td><td></td></tr>
<tr><td>学习活动 4
工作总结与评价</td><td>1. 总结书写正确、完善，上台汇报语言通顺流畅（得 10 分）
2. 总结书写正确，能上台汇报（得 8 分）
3. 总结书写正确，未上台汇报（得 5 分）
4. 未写总结（得 0 分）</td><td></td><td></td><td></td></tr>
<tr><td colspan="2">创新能力</td><td>学习过程中提出具有创新性、可行性的建议</td><td colspan="3">加分奖励：</td></tr>
<tr><td colspan="2">学生姓名</td><td></td><td colspan="3">学习任务名称</td></tr>
<tr><td colspan="2">指导教师</td><td></td><td colspan="3">日　期</td></tr>
</table>

学习任务 8

Z3050 型摇臂钻床电气控制线路的检修

学习目标

1. 能通过阅读设备维修任务单和现场勘查，记录故障现象，明确维修工作内容。

2. 能根据故障现象和 Z3050 型摇臂钻床电气原理图，分析故障范围，查找故障点，合理制订维修工作计划。

3. 能够熟练运用常用的故障排除方法排除故障。

4. 能正确填写维修记录。

建议课时：40 课时

工作场景描述

实习工厂有一台型号为 Z3050 的摇臂钻床因长期使用导致元器件老化，电气方面经常出现故障，影响生产，工厂负责人要求在设备间歇期进行大修维护，并把任务交给维修电工班紧急检修，要求 2 天内修复，避免影响正常的生产。

工作流程与活动

1. 明确工作任务。

2. 施工前的准备。

3. 现场施工。

4. 工作总结与评价。

学习活动 1 明确工作任务

学习目标

1．能通过阅读设备维修任务单，明确工作内容、工时等要求。

2．能通过现场勘查及与机床操作人员沟通，明确故障现象并做好记录。

建议课时：4 课时

学习过程

一、阅读设备维修任务单

根据工作场景描述和实际情况及相关技术要求填写设备维修任务单，如表 8-1 所示。

表 8-1 设备维修任务单

<table>
<tr><th colspan="8">用户资料栏</th></tr>
<tr><td colspan="2">用户单位</td><td colspan="3">实习工厂机加工车间</td><td colspan="2">联系人</td><td></td></tr>
<tr><td colspan="2">购买日期</td><td colspan="3"></td><td colspan="2">联系电话</td><td></td></tr>
<tr><td colspan="2">产品型号</td><td colspan="3">Z3050 型摇臂钻床</td><td colspan="2">设备编号</td><td></td></tr>
<tr><td colspan="2">报修日期</td><td colspan="6">年 月 日</td></tr>
<tr><td colspan="2">故障现象</td><td colspan="6"></td></tr>
<tr><td colspan="2">维修要求</td><td colspan="6"></td></tr>
<tr><th colspan="8">维修资料栏</th></tr>
<tr><td rowspan="8">维修内容</td><td>故障现象</td><td colspan="6"></td></tr>
<tr><td>维修情况</td><td colspan="6"></td></tr>
<tr><td rowspan="5">元器件更换情况</td><td>元器件编码</td><td>元器件名称</td><td>单位</td><td>数量</td><td>金额</td><td>备注</td></tr>
<tr><td></td><td></td><td></td><td></td><td></td><td rowspan="4"></td></tr>
<tr><td></td><td></td><td></td><td></td><td></td></tr>
<tr><td></td><td></td><td></td><td></td><td></td></tr>
<tr><td></td><td></td><td></td><td></td><td></td></tr>
<tr><td>维修结果</td><td colspan="6"></td></tr>
</table>

执行部门： 维修员： 签收人：

二、调查故障及勘查施工现场

通过现场勘查、咨询，填写勘查施工现场记录表，如表 8-2 所示。

表 8-2　勘查施工现场记录表

项目名称	项目内容
钻床的购买时间	
使用记录	
以前出现的故障	
维修情况	
维修时间	
本次故障现象（与操作人员交流获取信息）	
勘查时间	
勘查地点	
备注	

学习活动 2　施工前的准备

学习目标

1．能根据技术资料，分析故障原因。

2．能合理制订设备维修工作计划。

建议课时：10 课时

学习过程

一、故障分析

根据所做的故障调查内容，对故障可能产生的原因和所涉及的电路区域进行分析并做出初步判断。分析电气原理图，写出故障所在的电路区域。分析过程中，注意查阅相关资料，了解 Z3050 型摇臂钻床常见的故障现象、原因及检修方法。

二、制订工作计划

根据任务要求和施工图样，结合现场勘查的实际情况，制订小组工作计划。

“Z3050 型摇臂钻床电气控制线路的检修”工作计划

一、人员分工

1．小组负责人：____________

2．小组成员及分工

姓　名	分　工

二、工具及材料清单

序　号	工具或材料名称	单位	数　量	备　注

三、工序及工期安排

序　号	工作内容	完成时间	备　注

四、安全防护措施

三、评价

以小组为单位，展示本组制订的工作计划。然后在教师点评的基础上对工作计划进行修改完善，并根据表 8-3 所示进行评分。

表 8-3　评价表

评价内容	分值	自我评价	小组评价	教师评价
正确回答问题，并按时完成工作页的填写	20			
正确分析故障，并标注最小故障范围	10			
检查方法及检查步骤合理、完整	20			
人员分工合理	5			
工具和材料清单正确、完整	10			
工序安排合理、完整	10			
安全防护措施合理、完整	5			
工作计划展示得体大方、语言流畅	15			
团结协作	5			
合　　计				

学习活动 3　现场施工

学习目标

1．能采用适当的方法查找故障点并排除故障。

2．能正确使用万用表进行线路检测，完成通电试车，交付验收。

3．能正确填写维修记录。

建议课时：22 课时

学习过程

一、排除线路故障

根据学习活动 2 中的初步判断，采用适当的检查方法，找出故障点并排除，填写表 8-4。在排除故障的过程中，严格执行安全操作规范，文明作业、安全作业。

表 8-4　检修过程记录表

步骤	测试内容	测试结果	结论和下一步措施

二、自检、互检和试车

故障检修完毕后，进行自检、互检，经教师同意，在机床操作人员或教师的辅助下通电试车。记录自检和互检的情况，如表 8-5 所示。

表 8-5 自检和互检情况记录表

故障范围是否正确		检查方法是否正确		是否修复故障	
自检	互检	自检	互检	自检	互检

三、项目验收

（1）在验收阶段，各小组派出代表进行交叉验收，并详细填写验收记录，如表 8-6 所示。

表 8-6 验收过程问题记录表

验收问题	整改措施	完成时间	备　注

（2）以小组为单位认真填写任务验收报告，如表 8-7 所示，并将学习活动 1 中的设备维修任务单（见表 8-1）填写完整。

表 8-7 Z3050 型摇臂钻床电气控制线路的检修任务验收报告

工程项目名称				
建设单位			联系人	
地址			电话	
施工单位			联系人	
地址			电话	
项目负责人			施工周期	
工程概况				
现存问题			完成时间	
改进措施				
验收结果	主观评价	客观测试	施工质量	材料移交

四、其他故障分析与练习

（1）除了本任务工作场景中涉及的故障现象，在实际应用中，机床还可能出现其他故障情况。以下是 Z3050 型摇臂钻床几种典型的故障现象，查询相关资料，判断故障范围、分析故障原因、简述处理方法，填写表 8-8，并在教师指导下，进行实际的排除故障训练。

表 8-8 故障分析及检修记录表

故障现象描述	故障范围	故障原因	处理方法
主轴电动机 M1 不能启动			
摇臂电动机 M2 在工作中过载			
摇臂不能上升			
摇臂不能夹紧（或液压泵电动机 M3 不能反转）			
所有电动机都不能启动			
液压泵电动机 M3 运转正常，但摇臂夹不紧			
摇臂不能放松（或液压泵电动机 M3 不能正转）			
主轴电动机 M1 不能启动			

（2）故障排除练习完毕，进行自检和互检，根据测试内容填写表 8-9。

表 8-9 自检和互检情况记录表

序号	故障现象	故障范围是否正确		检修方法是否正确		是否修复故障	
		自检	互检	自检	互检	自检	互检
1							
2							
3							
4							
5							
6							
7							

（3）思考如果 Z3050 型摇臂钻床的立柱、主轴箱不能夹紧与放松，经查找无电气方面的故障，可判断是什么类型的故障？应当与哪些部门（或个人）协调？

五、评价

以小组为单位，展示本组检修成果。根据表 8-10 所示进行评分。

表 8-10　任务评价表

评价内容		分值	自我评价	小组评价	教师评价
故障分析	故障分析思路清晰	20			
	准确标出最小故障范围				
故障排除	用正确的方法排除故障点	30			
	检修中不扩大故障范围或产生新的故障，一旦发生，能及时自行修复				
	工具、设备无损伤				
通电调试	设备正常运转无故障	10			
	能及时独立发现未排除的故障，并解决问题				
工作页填写	完整、正确地填写工作页	20			
项目验收	能根据要求进行项目验收，并正确填写验收报告	10			
安全文明生产	遵守安全文明生产规程	10			
	施工完成后认真清理现场				
施工计划用时__________；实际用时__________；超时扣分__________					
合　计					

学习活动 4　工作总结与评价

学习目标

1．能以小组形式，对学习过程和实训成果进行汇报总结。

2．完成对学习过程的综合评价。

建议课时：4课时

学习过程

一、工作总结

请你围绕自己在本次学习任务中的出勤情况，与组员协作开展工作的情况，在Z3050型摇臂钻床电气控制线路检修的过程学到的内容，遇到的问题，以及如何解决问题，今后如何避免类似问题的发生等，写一份总结。

____

____

____

____

____

____

____

____

____

____

____

二、综合评价（见表8-11）

表8-11　综合评价表

评价项目	评价内容	评价标准	自我评价	小组评价	教师评价
职业素养	安全意识、责任意识	1．作风严谨，自觉遵章守纪，出色地完成工作任务（得10分） 2．能够遵守规章制度，较好地完成工作任务（得7分） 3．遵守规章制度，没完成工作任务，或虽完成工作任务但未严格遵守或忽视规章制度（得4分） 4．不遵守规章制度，没完成工作任务（得2分）			
	学习态度	1．积极参与教学活动，全勤（得5分） 2．缺勤达本任务总课时的10%（得4分） 3．缺勤达本任务总课时的20%（得3分） 4．缺勤达本任务总课时的30%（得2分）			

续表

评价项目	评价内容	评价标准	自我评价	小组评价	教师评价
职业素养	团队合作意识	1．与同学协作融洽，团队合作意识强（得 10 分） 2．能与同学沟通，协同工作能力较强（得 8 分） 3．能与同学沟通，协同工作能力一般（得 6 分） 4．与同学沟通困难，协同工作能力较差（得 4 分）			
	6S 管理	1．整个工作任务中，能自觉遵守 6S 管理（得 10 分） 2．整个工作任务中，经教师提醒一次能遵守 6S 管理（得 8 分） 3．整个工作任务中，经教师多次提醒能遵守 6S 管理（得 4 分） 4．整个工作任务中，不能遵守 6S 管理（得 2 分）			
专业能力	学习活动 1 明确工作任务	1．按时完成工作页，问题回答正确（得 5 分） 2．按时、完整地完成工作页，问题回答基本正确（得 4 分） 3．未能按时完成工作页，或内容遗漏、错误较多（得 2 分） 4．未完成工作页（得 1 分）			
	学习活动 2 施工前的准备	学习活动 2 的得分×20%=该项实际得分			
	学习活动 3 现场施工	学习活动 3 的得分×30%=该项实际得分			
	学习活动 4 工作总结与评价	1．总结书写正确、完善，上台汇报语言通顺流畅（得 10 分） 2．总结书写正确，能上台汇报（得 8 分） 3．总结书写正确，未上台汇报（得 5 分） 4．未写总结（得 0 分）			
创新能力		学习过程中提出具有创新性、可行性的建议	加分奖励：		
学生姓名			学习任务名称		
指导教师			日　期		

学习任务 9

X62W 型万能铣床电气控制线路的安装与调试

学习目标

1. 能通过阅读工作任务联系单和现场勘查，明确工作任务要求。

2. 能正确叙述 X62W 型万能铣床的作用、结构和运动形式。

3. 能正确识读电气原理图，明确 X62W 型万能铣床电气控制线路的控制过程及工作原理，并绘制布置图和接线图。

4. 能按图纸、工艺要求、技术规范等要求正确安装元器件、完成接线。

5. 能正确使用仪表检测线路安装的正确性，按照安全操作规程完成通电试车。

6. 正确标注有关控制功能的铭牌标签，施工后能按照管理规定清理施工现场。

建议课时：40 课时

工作场景描述

学校校办工厂有六台 X62W 型万能铣床因长期使用导致元器件老化，需要重新安装。现学校委派维修电工班的学生协助学校后勤维修组教师对其电气控制线路进行重新安装与调试（施工周期为 8 天），按规定期限完成验收并交付使用。

工作流程与活动

1. 明确工作任务。

2. 施工前的准备。

3. 现场施工。

4. 工作总结与评价。

学习活动 1 明确工作任务

学习目标

1．能通过阅读工作任务联系单，明确工作任务内容、工时等要求。

2．能正确叙述 X62W 型万能铣床的作用、结构和运动形式。

建议课时：4 课时

学习过程

一、阅读工作任务联系单

阅读工作任务联系单（见表 9-1），说出本次任务的工作内容、时间要求及交接工作的相关负责人等信息，并根据实际情况补充完整。

表 9-1 工作任务联系单

报修部门	校办工厂	工段		报修时间	年 月 日
设备名称	X62W 型万能铣床	型号		设备编号	
报修人			联系电话		
故障现象	X62W 型万能铣床的电气控制部分严重老化无法正常工作				
故障排除记录					
备注	须重新安装				
维修时间			计划工时		
维修人			日期	年 月 日	
验收人			日期	年 月 日	

二、认识 X62W 型万能铣床

机械加工过程中经常要加工各种各样的平面、斜面和沟槽，这时往往需要用到铣床。铣床的种类繁多，按照其结构形式和加工性能的不同，可分为卧式铣床、立式铣床、仿形铣床、龙门铣床、专用铣床和万能铣床等。

X62W 型万能铣床功能多、用途广，是工业生产加工过程中不可缺少的一种金属铣削机床。它可以用圆柱铣刀、圆片铣刀、角度铣刀、成型铣刀及端面铣刀等刀具对各种零件进行平面、斜面、沟槽及成型表面的加工，装上分度盘可以铣削齿轮和螺旋面，装上圆工作台可以铣削凸轮和弧形槽等。

（1）查阅相关资料，结合实物观察，认识 X62W 型万能铣床的结构，将图 9-1 补充完整。

图 9-1　X62W 型万能铣床的外形及结构

（2）查阅相关资料并观看教师演示操作，简述 X62W 型万能铣床的主要运动形式有哪些。

（3）为保证安装、调试工作顺利进行，企业应提供哪些技术资料？需要与企业协调哪些事项？

（4）对施工现场还要进行哪些勘查？记录哪些数据？

学习活动 2　施工前的准备

学习目标

1．能正确识读 X62W 型万能铣床的电气原理图，分析控制元器件的动作过程和电路的控制原理。

2．能根据任务要求和实际情况，合理制订工作计划。

建议课时：6 课时

学习过程

一、通过查阅资料和小组讨论分析图 9-2、图 9-3，回答下列问题

（1）主电路中共有主轴电动机 M1、冷却泵电动机 M2 和进给电动机 M3 三台电动机，分析电气原理图，填写表 9-2。

表 9-2　X62W 型万能铣床工作原理

电动机名称	功能	控制电器	短路保护电器	过载保护电器
主轴电动机 M1				
冷却泵电动机 M2				
进给电动机 M3				

（2）主轴电动机 M1 采用万能转换开关控制正反转，简要谈一谈万能转换开关的使用注意事项。

（3）YC1～YC3 是什么器件，它们在该电路中的作用分别是什么？

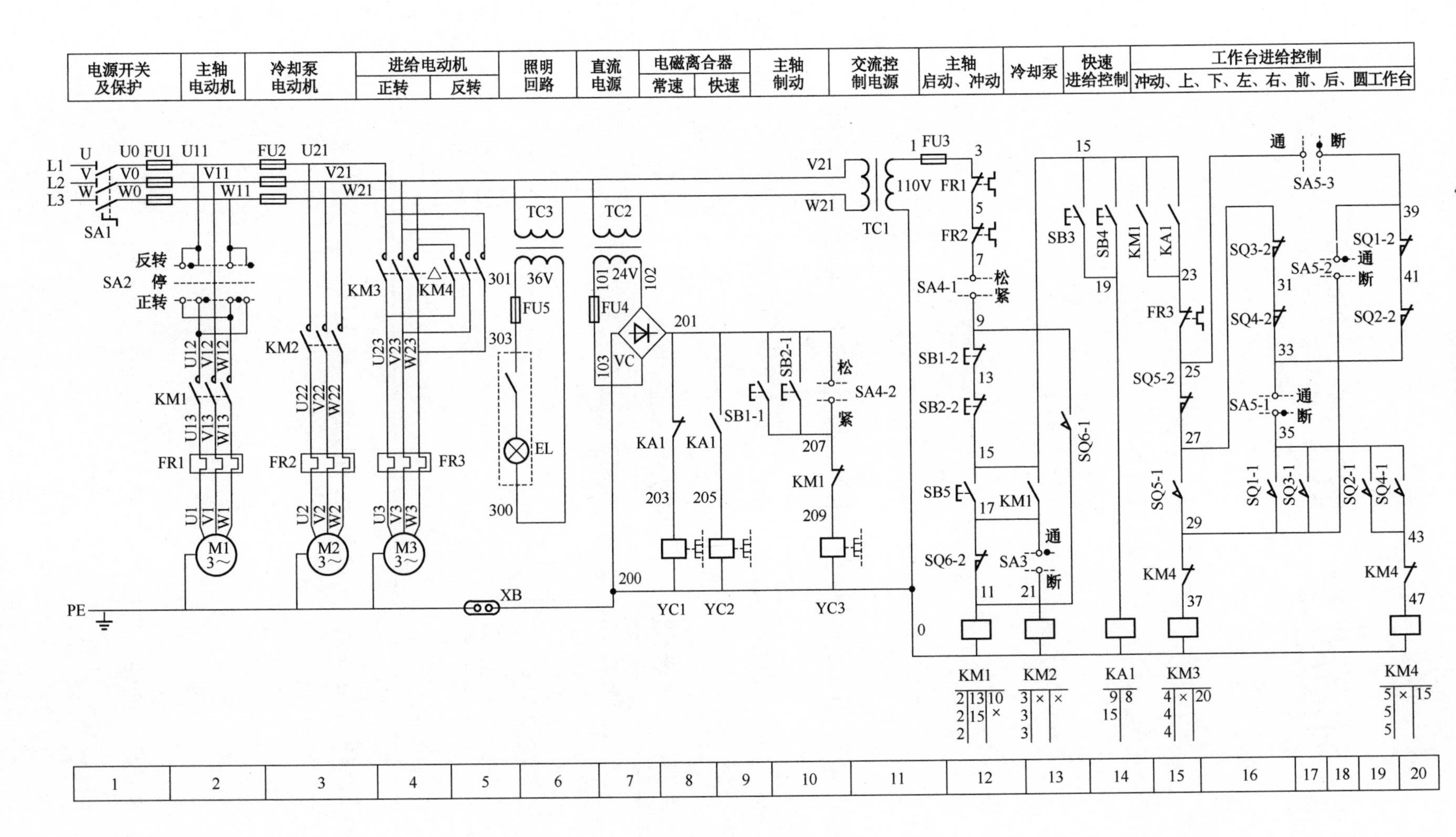

图 9-2　X62W 型万能铣床电气原理图

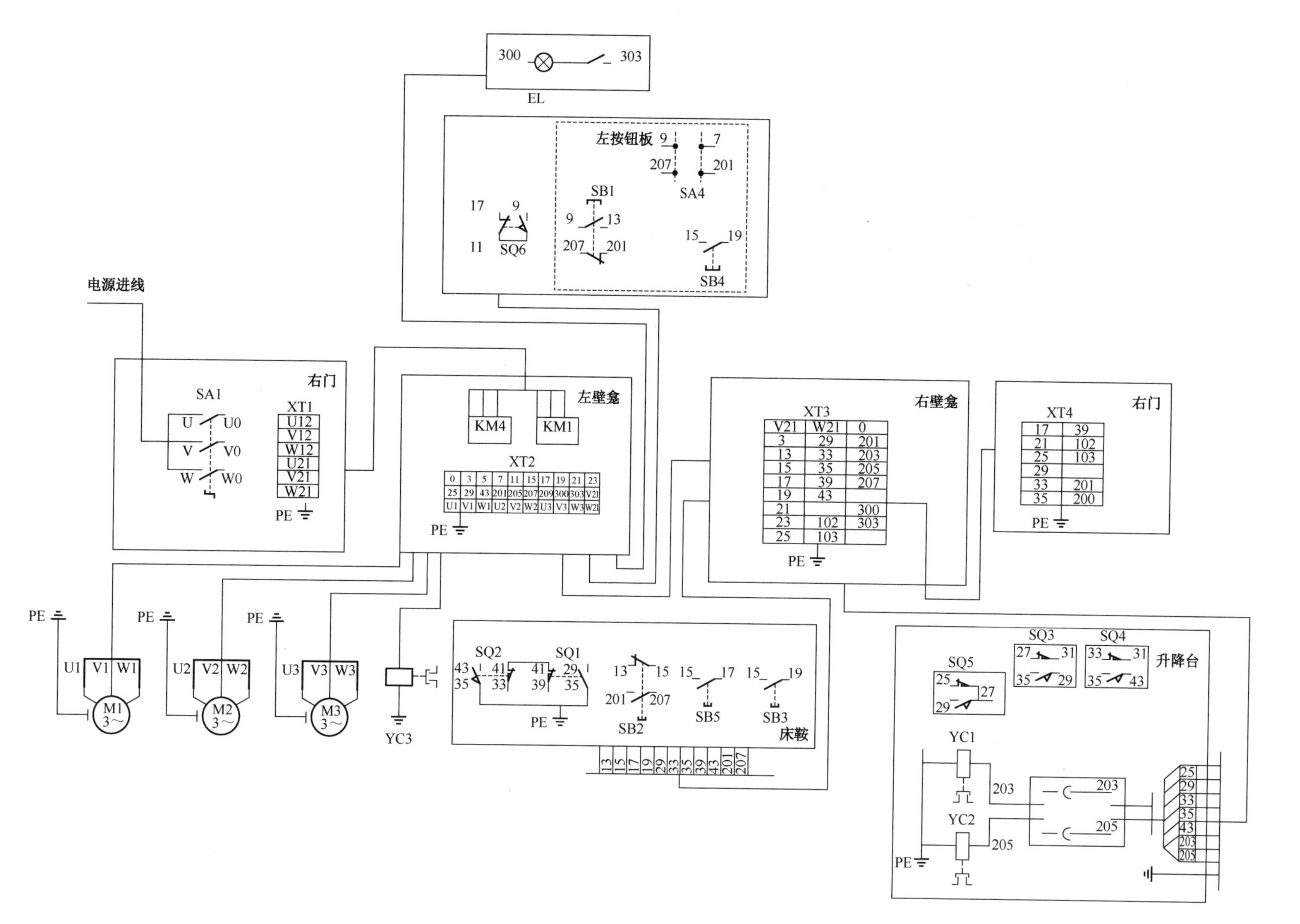

图 9-3　X62W 型万能铣床电气接线图

二、分析电路原理

（1）分析 X62W 型万能铣床的电源电路。

（2）描述 X62W 型万能铣床主电路中三台电动机的功能，并对其进行控制分析，填写表 9-3。

表 9-3　三台电动机的功能及其控制分析

电动机名称	功能	控制电器	过载保护	短路保护
主轴电动机 M1				
冷却泵电动机 M2				
进给电动机 M3				

（3）描述主轴电动机 M1 的控制要求、控制作用及控制过程，填写表 9-4。

表 9-4　主轴电动机 M1 的控制分析

控制要求	控制作用	控制过程
启动控制		
制动控制		
换刀控制		
变速冲动控制		

（4）结合图样分析，回答以下问题。

① 行程开关 SQ5（图 9-2 中为 SQ5-1、SQ5-2）和 SQ6（图 9-2 中为 SQ6-1、SQ6-2）作为工作台的运动方向控制器件，若两者的安装位置对换，可能产生什么后果？

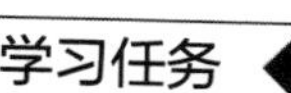

② X62W 型万能铣床大修后，如果将主轴电动机的三相电源相序接反，可能产生什么后果？

三、制订工作计划

查阅相关资料，了解任务实施的基本步骤，结合实际情况，制订小组工作计划。

"X62W 型万能铣床电气控制线路的安装与调试"工作计划

一、人员分工

1．小组负责人：________________

2．小组成员及分工

姓　名	分　工

二、工具及材料清单

序　号	工具或材料名称	单　位	数　量	备　注

三、工序及工期安排

序　号	工作内容	完成时间	备　注

续表

四、安全防护措施

四、评价

以小组为单位，展示本组制订的工作计划。然后在教师点评的基础上对工作计划进行修改完善，并根据表 9-5 所示进行评分。

表 9-5　评价表

评价内容	分值	自我评价	小组评价	教师评价
正确回答问题，并按时完成工作页的填写	20			
正确绘制布置图	5			
正确绘制接线图	10			
人员分工合理	5			
工具和材料清单正确、完整	15			
工序安排合理、完整	10			
安全防护措施合理、完整	10			
工作计划展示得体大方、语言流畅	15			
团结协作	10			
合　　计				

学习活动 3　现场施工

学习目标

1．能按图样、工艺要求、安全规范和设备要求，安装元器件并接线。
2．能用仪表检查线路安装的正确性并通电试车。
3．施工完毕能清理现场，能填写工作记录并交付验收。

建议课时：26 课时

学习过程

一、安装元器件和布线

本学习任务中元器件的安装工艺、步骤、方法及要求与前面任务的基本相同。对照前面任务中电气设备控制线路的安装步骤和工艺要求，完成安装任务。

（1）画出 X62W 型万能铣床电气控制柜内元器件的布置图。

（2）写出你采用的元器件安装方法（轨道安装、直接安装）和布线方式。

（3）安装过程中遇到了哪些问题，你是如何解决的，记录在表 9-6 中。

表 9-6 安装过程中遇到的问题及解决方法

遇到的问题	解决方法

二、安装完毕后进行自检和互检

电路安装完毕，在断电情况下进行自检和互检，根据测试内容，自行设计表格进行记录。

三、通电试车与项目验收

（1）断电检查无误后，经教师同意，通电试车，观察电动机的运行状态，测量相关技术参数，若存在故障，及时处理。电动机运行正常无误，交付验收人员检查。通电试车过程中，若出现异常现象，应立即停车，按照前面任务中所学的方法步骤进行检修。小组间相互交流，将各自遇到的故障现象、故障原因和处理方法记录下来，如表 9-7 所示。

表 9-7　故障检修记录表

故障现象	故障原因	处理方法

（2）结合调试情况，填写 X62W 型万能铣床机构单元测试记录表，如表 9-8 所示，留档管理。

表 9-8　X62W 万能铣床机构单元测试记录表

项目名称：　　　　　　　　　　　　　　　　测试时间：　　年　　月　　日

机构单元	测试内容			
	部件明细	测试机构工艺记录明细	工艺标准（确认）	备注（参数由最终用户确定）
主轴系统单元				
冷却系统单元				
进给系统单元				

续表

机构单元	测试内容			
	部件明细	测试机构工艺记录明细	工艺标准（确认）	备注（参数由最终用户确定）
照明系统单元				
电源电路单元				
其他单点调试记录说明				
问题与建议（可以对电气设计提出合理化建议）				

测试结果：

测试人：

（3）在验收阶段，各小组派出代表进行交叉验收，并填写表 9-9。

表 9-9　X62W 型万能铣床外观及性能验收

检查项目	自　检		互　检	
	合格	不合格	合格	不合格
元器件的选择是否正确				
导线、穿线管的选用是否正确				
各元器件、接线端子固定的是否牢固				
是否按规定套编码套管				
电气控制柜内外元器件安装是否符合要求				
有无损坏元器件				
导线通道敷设是否符合要求				
是否按照电路图敷设导线				
有无接地线				
主开关是否安全妥当				
各限位开关安装是否合适				
工艺美观性如何				
继电器整定值是否合适				
各熔断器熔体是否符合要求				
操作面板所有按键、开关、指示灯接线是否正确				
电源相序是否正确				
电动机及线路的绝缘电阻是否符合要求				
有无清理安装现场				
控制电路的工作情况如何				
点动各电动机转向是否符合要求				
指示信号和照明灯是否完好				

续表

检查项目	自检		互检	
	合格	不合格	合格	不合格
工具、仪表的使用是否符合要求				
是否严格遵守安全操作规程				

（4）在验收过程中，根据前面所学知识详细填写验收记录，如表 9-10 所示。

表 9-10　验收过程问题记录表

验收问题	整改措施	完成时间	备　注

（5）以小组为单位认真填写 X62W 型万能铣床电气控制线路的安装与调试任务验收报告，如表 9-11 所示，并将学习活动 1 中的工作任务联系单（见表 9-1）填写完整。

表 9-11　X62W 型万能铣床电气控制线路的安装与调试任务验收报告

工程项目名称				
建设单位		联系人		
地址		电话		
施工单位		联系人		
地址		电话		
项目负责人		施工周期		
工程概况				
现存问题		完成时间		
改进措施				
验收结果	主观评价	客观测试	施工质量	材料移交

四、评价

以小组为单位，展示本组安装与调试成果。根据表 9-12 所示进行评分。

表 9-12　任务评价表

评价内容		分值	自我评价	小组评价	教师评价
元器件的定位及安装	元器件无损伤	10			
	元器件安装平整、对称				
	按图装配，元器件位置、极性正确				

续表

评价内容		分值	自我评价	小组评价	教师评价
接线	按电路图正确接线	40			
	布线方法、步骤正确，符合工艺要求				
	布线横平竖直、整洁有序，接线紧固美观				
	电源、电动机和按钮正确连接到接线端子排上，并准确注明引出端子号				
	接点牢固、接头漏铜长度适中，无反圈、压绝缘层、标记号不清楚、标记号遗漏或误标等问题				
	施工中，导线绝缘层或线芯无损伤				
通电调试	热继电器整定值设定正确	30			
	设备正常运转无故障				
	出现故障正确排除				
项目验收	进行项目验收，并正确填写验收报告	10			
安全文明生产	遵守安全文明生产规程	10			
	施工完成后认真清理现场				
施工计划用时________；实际用时________；超时扣分________					
合　计					

学习活动 4　工作总结与评价

学习目标

1. 能以小组形式，对学习过程和实训成果进行汇报总结。
2. 完成对学习过程的综合评价。

建议课时：4 课时

学习过程

一、工作总结

请你围绕自己在本次学习任务中的出勤情况，与组员协作开展工作的情况，在完成 X62W 型万能铣床电气控制线路的安装与调试的过程中学到的内容，遇到的问题，以及如何解决问题，今后如何避免类似问题的发生等，写一份总结。

二、综合评价（见表9-13）

表9-13 综合评价表

评价项目	评价内容	评价标准	自我评价	小组评价	教师评价
职业素养	安全意识、责任意识	1．作风严谨，自觉遵章守纪，出色地完成工作任务（得10分） 2．能够遵守规章制度，较好地完成工作任务（得7分） 3．遵守规章制度，没完成工作任务，或虽完成工作任务但未严格遵守或忽视规章制度（得4分） 4．不遵守规章制度，没完成工作任务（得2分）			
	学习态度	1．积极参与教学活动，全勤（得5分） 2．缺勤达本任务总课时的10%（得4分） 3．缺勤达本任务总课时的20%（得3分） 4．缺勤达本任务总课时的30%（得2分）			
	团队合作意识	1．与同学协作融洽，团队合作意识强（得10分） 2．能与同学沟通，协同工作能力较强（得8分） 3．能与同学沟通，协同工作能力一般（得6分） 4．与同学沟通困难，协同工作能力较差（得4分）			
	6S管理	1．整个工作任务中，能自觉遵守6S管理（得10分） 2．整个工作任务中，经教师提醒一次能遵守6S管理（得8分） 3．整个工作任务中，经教师多次提醒能遵守6S管理（得4分） 4．整个工作任务中，不能遵守6S管理（得2分）			
专业能力	学习活动1 明确工作任务	1．按时完成工作页，问题回答正确（得5分） 2．按时、完整地完成工作页，问题回答基本正确（得4分） 3．未能按时完成工作页，或内容遗漏、错误较多（得2分） 4．未完成工作页（得1分）			

续表

<table>
<tr><th>评价项目</th><th>评价内容</th><th>评价标准</th><th>自我评价</th><th>小组评价</th><th>教师评价</th></tr>
<tr><td rowspan="3">专业能力</td><td>学习活动 2
施工前的准备</td><td>学习活动 2 的得分×20%=该项实际得分</td><td></td><td></td><td></td></tr>
<tr><td>学习活动 3
现场施工</td><td>学习活动 3 的得分×30%=该项实际得分</td><td></td><td></td><td></td></tr>
<tr><td>学习活动 4
工作总结与评价</td><td>1．总结书写正确、完善，上台汇报语言通顺流畅（得 10 分）
2．总结书写正确，能上台汇报（得 8 分）
3．总结书写正确，未上台汇报（得 5 分）
4．未写总结（得 0 分）</td><td></td><td></td><td></td></tr>
<tr><td colspan="2">创新能力</td><td>学习过程中提出具有创新性、可行性的建议</td><td colspan="3">加分奖励：</td></tr>
<tr><td colspan="2">学生姓名</td><td></td><td>学习任务名称</td><td colspan="2"></td></tr>
<tr><td colspan="2">指导教师</td><td></td><td>日　期</td><td colspan="2"></td></tr>
</table>

学习任务 10

X62W 型万能铣床电气控制线路的检修

学习目标

1. 能通过阅读设备维修任务单和现场勘查，记录故障现象，明确维修工作内容。

2. 能根据故障现象和 X62W 型万能铣床电气原理图，分析故障范围，查找故障点，合理制订维修工作计划。

3. 能够熟练运用常用的故障排除方法排除故障。

4. 能正确填写维修记录。

建议课时：30 课时

工作场景描述

实习工厂有一台型号为 X62W 的万能铣床因长期使用导致元器件老化，电气方面经常出现故障，影响生产，工厂负责人要求在设备间歇期进行大修维护，并把任务交给维修电工班紧急检修，要求 2 天内修复，避免影响正常的生产。

工作流程与活动

1. 明确工作任务。
2. 施工前的准备。
3. 现场施工。
4. 工作总结与评价。

学习活动 1 明确工作任务

学习目标

1．能通过阅读设备维修任务单，明确工作内容、工时等要求。

2．能通过现场勘查及与机床操作人员沟通，明确故障现象并做好记录。

建议课时：4 课时

学习过程

一、阅读设备维修任务单

根据工作场景描述和实际情况及相关技术要求填写设备维修任务单，如表 10-1 所示。

表 10-1 设备维修任务单

<table>
<tr><th colspan="8">用户资料栏</th></tr>
<tr><td colspan="2">用户单位</td><td colspan="3">实习工厂机加工车间</td><td colspan="2">联系人</td><td></td></tr>
<tr><td colspan="2">购买日期</td><td colspan="3"></td><td colspan="2">联系电话</td><td></td></tr>
<tr><td colspan="2">产品型号</td><td colspan="3">X62W 型万能铣床</td><td colspan="2">设备编号</td><td></td></tr>
<tr><td colspan="2">报修日期</td><td colspan="6">年 月 日</td></tr>
<tr><td colspan="2">故障现象</td><td colspan="6"></td></tr>
<tr><td colspan="2">维修要求</td><td colspan="6"></td></tr>
<tr><th colspan="8">维修资料栏</th></tr>
<tr><td rowspan="8">维修内容</td><td>故障现象</td><td colspan="6"></td></tr>
<tr><td>维修情况</td><td colspan="6"></td></tr>
<tr><td rowspan="5">元器件更换情况</td><td>元器件编码</td><td>元器件名称</td><td>单位</td><td>数量</td><td>金额</td><td>备注</td></tr>
<tr><td></td><td></td><td></td><td></td><td></td><td rowspan="4"></td></tr>
<tr><td></td><td></td><td></td><td></td><td></td></tr>
<tr><td></td><td></td><td></td><td></td><td></td></tr>
<tr><td></td><td></td><td></td><td></td><td></td></tr>
<tr><td>维修结果</td><td colspan="6"></td></tr>
</table>

执行部门： 维修员： 签收人：

二、调查故障及勘查施工现场

通过现场勘查、咨询，填写勘查施工现场记录表，如表 10-2 所示。

表 10-2　勘查施工现场记录表

项目名称	项目内容
铣床的购买时间	
使用记录	
以前出现的故障	
维修情况	
维修时间	
本次故障现象（与操作人员交流获取信息）	
勘查时间	
勘查地点	
备注	

学习活动 2　施工前的准备

学习目标

1．能根据技术资料，分析故障原因。

2．能合理制订设备维修工作计划。

建议课时：10 课时

学习过程

一、故障分析

根据所做的故障调查内容，对故障可能产生的原因和所涉及的电路区域进行分析并做出初步判断。分析电气原理图，写出故障所在的电路区域。分析过程中，注意查阅相关资料，了解 X62W 型万能铣床常见的故障现象、原因及检修方法。

二、制订工作计划

根据任务要求和施工图样，结合现场勘查的实际情况，制订小组工作计划。

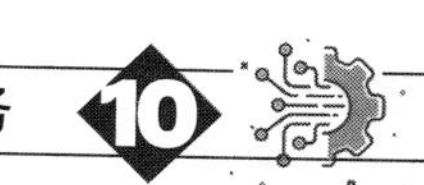

"X62W 型万能铣床电气控制线路的检修"工作计划

一、人员分工

1．小组负责人：________________

2．小组成员及分工

姓　　名	分　　工

二、工具及材料清单

序　号	工具或材料名称	单位	数　　量	备　　注

三、工序及工期安排

序　号	工作内容	完成时间	备　　注

四、安全防护措施

三、评价

以小组为单位，展示本组制订的工作计划。然后在教师点评的基础上对工作计划进行修改完善，并根据表 10-3 所示进行评分。

表 10-3 评价表

评价内容	分值	自我评价	小组评价	教师评价
正确回答问题，并按时完成工作页的填写	20			
正确分析故障，并标注最小故障范围	10			
检查方法及检查步骤合理、完整	20			
人员分工合理	5			
工具和材料清单正确、完整	10			
工序安排合理、完整	10			
安全防护措施合理、完整	5			
工作计划展示得体大方、语言流畅	15			
团结协作	5			
合　计				

学习活动 3 现场施工

学习目标

1. 能采用适当的方法查找故障点并排除故障。
2. 能正确使用万用表进行线路检测，完成通电试车，交付验收。
3. 能正确填写维修记录。

建议课时：22 课时

学习过程

一、排除线路故障

根据学习活动 2 中的初步判断，采用适当的检查方法，找出故障点并排除，填写表 10-4。在排除故障的过程中，严格执行安全操作规范，文明作业、安全作业。

表 10-4 检修过程记录表

步骤	测试内容	测试结果	结论和下一步措施

二、自检、互检和试车

故障检修完毕后，进行自检、互检，经教师同意，在机床操作人员或教师的辅助下通电试车。记录自检和互检的情况，如表 10-5 所示。

表 10-5 自检和互检情况记录表

故障范围是否正确		检查方法是否正确		是否修复故障	
自检	互检	自检	互检	自检	互检

三、项目验收

（1）在验收阶段，各小组派出代表进行交叉验收，并详细填写验收记录，如表 10-6 所示。

表 10-6 验收过程问题记录表

验收问题	整改措施	完成时间	备 注

（2）以小组为单位认真填写任务验收报告，如表 10-7 所示，并将学习活动 1 中的设备维修任务单（见表 10-1）填写完整。

表 10-7 X62W 型万能铣床电气控制线路的检修任务验收报告

工程项目名称			
建设单位		联系人	
地址		电话	
施工单位		联系人	
地址		电话	
项目负责人		施工周期	
工程概况			

续表

现存问题		完成时间		
改进措施				
验收结果	主观评价	客观测试	施工质量	材料移交

四、其他故障分析与练习

（1）除了本任务工作场景中涉及的故障现象，在实际应用中，机床还可能出现其他故障情况。以下是X62W型万能铣床几种典型的故障现象，查询相关资料，判断故障范围、分析故障原因、简述处理方法，填写表10-8，并在教师指导下，进行实际的排除故障训练。

表10-8 故障分析及检修记录表

故障现象描述	故障范围	故障原因	处理方法
主轴电动机 M1 转速很慢，并发出“嗡嗡”声			
按下启动按钮SB5后，主轴电动机M1不能启动，交流接触器KM1不动作			
冷却泵电动机M2不动作			
进给电动机M3能正转，但不能反转			
所有电动机都不能启动			
工作台各个方向都不能进给动作且不能进给冲动			
操纵工作台手柄只能向右、向前、向下动作，不能向左、向后、向上动作			

（2）故障排除练习完毕，进行自检和互检，根据测试内容填写表10-9。

表 10-9 自检和互检情况记录表

序号	故障现象	故障范围是否正确		检修方法是否正确		是否修复故障	
		自检	互检	自检	互检	自检	互检
1							
2							
3							
4							
5							
6							
7							

（3）思考一下，如果 X62W 型万能铣床的进给不到位，经查找无电气方面的故障，可判断是什么类型的故障？应当与哪些部门（或个人）协调？

五、评价

以小组为单位，展示本组检修成果。根据表 10-10 所示进行评分。

表 10-10 任务评价表

评价内容		分值	自我评价	小组评价	教师评价
故障分析	故障分析思路清晰	20			
	准确标出最小故障范围				
故障排除	用正确的方法排除故障点	30			
	检修中不扩大故障范围或产生新的故障，一旦发生，能及时自行修复				
	工具、设备无损伤				
通电调试	设备正常运转无故障	10			
	能及时独立发现未排除的故障，并解决问题				
工作页填写	完整、正确地填写工作页	20			
项目验收	能根据要求进行项目验收，并正确填写验收报告	10			
安全文明生产	遵守安全文明生产规程	10			
	施工完成后认真清理现场				
施工计划用时______；实际用时______；超时扣分______					
合　计					

学习活动 4　工作总结与评价

学习目标

1．能以小组形式，对学习过程和实训成果进行汇报总结。

2．完成对学习过程的综合评价。

建议课时：4 课时

学习过程

一、工作总结

请你围绕自己在本次学习任务中的出勤情况，与组员协作开展工作的情况，在完成 X62W 型万能铣床电气控制线路检修的过程学到的内容，遇到的问题，以及如何解决问题，今后如何避免类似问题的发生等，写一份总结。

二、综合评价（见表 10-11）

表 10-11 综合评价表

评价项目	评价内容	评价标准	自我评价	小组评价	教师评价
职业素养	安全意识、责任意识	1. 作风严谨，自觉遵章守纪，出色地完成工作任务（得 10 分） 2. 能够遵守规章制度，较好地完成工作任务（得 7 分） 3. 遵守规章制度，没完成工作任务，或虽完成工作任务但未严格遵守或忽视规章制度（得 4 分） 4. 不遵守规章制度，没完成工作任务（得 2 分）			
	学习态度	1. 积极参与教学活动，全勤（得 5 分） 2. 缺勤达本任务总课时的 10%（得 4 分） 3. 缺勤达本任务总课时的 20%（得 3 分） 4. 缺勤达本任务总课时的 30%（得 2 分）			
	团队合作意识	1. 与同学协作融洽，团队合作意识强（得 10 分） 2. 能与同学沟通，协同工作能力较强（得 8 分） 3. 能与同学沟通，协同工作能力一般（得 6 分） 4. 与同学沟通困难，协同工作能力较差（得 4 分）			
	6S 管理	1. 整个工作任务中，能自觉遵守 6S 管理（得 10 分） 2. 整个工作任务中，经教师提醒一次能遵守 6S 管理（得 8 分） 3. 整个工作任务中，经教师多次提醒能遵守 6S 管理（得 4 分） 4. 整个工作任务中，不能遵守 6S 管理（得 2 分）			
专业能力	学习活动 1 明确工作任务	1. 按时完成工作页，问题回答正确（得 5 分） 2. 按时、完整地完成工作页，问题回答基本正确（得 4 分） 3. 未能按时完成工作页，或内容遗漏、错误较多（得 2 分） 4. 未完成工作页（得 1 分）			
	学习活动 2 施工前的准备	学习活动 2 的得分×20%=该项实际得分			
	学习活动 3 现场施工	学习活动 3 的得分×30%=该项实际得分			
	学习活动 4 工作总结与评价	1. 总结书写正确、完善，上台汇报语言通顺流畅（得 10 分） 2. 总结书写正确，能上台汇报（得 8 分） 3. 总结书写正确，未上台汇报（得 5 分） 4. 未写总结（得 0 分）			
创新能力		学习过程中提出具有创新性、可行性的建议	加分奖励：		
学生姓名			学习任务名称		
指导教师			日　期